失敗者的生存策略

もうすぐいなくなります：
絶滅の生物学

滅絕生物學

日本早稻田大學名譽教授
池田清彦——著
陳朕疆——譯

前言

從生命誕生至今已有三十八億年。在這段時間中，地球上曾出現過多到數不清的物種，但其中百分之九十九的物種如今早已滅絕。到了現在，亦有許多動植物正瀕臨絕種危機。從過去的歷史來看，確實，只有極少數物種可以成為新生物種的母種，其他絕大多數物種都免不了滅絕的命運。

地球上已知最早的多細胞生物（埃迪卡拉生物群 Ediacaran biota）出現在約六億年前。自那時以來，地球上已發生過六次生物大滅絕。造成這麼多次生物大滅絕的原因，簡單來說，通常是地球規模級別的巨大天災變化。譬如大隕石撞擊地球、急遽寒冷化、地殼變動等極為劇烈的環境變化（惡化），便會造成許多生物滅絕。

在六次生物大滅絕中，以規模最大的「二疊紀末（約兩億五千萬年前）大滅絕」為例，當時約有百分之九十六的海洋物種滅絕，但仍有百分之四的物種存活下來。那麼，造成大部分生物滅絕，少數生物卻能存活下來的關鍵是什麼？

另外，即使地球上沒有出現大規模的環境變化，多數物種都能順利繁衍，卻仍有某些特定物種會滅絕。那麼，這些生物是因為什麼原因、在什麼樣的過程中滅絕？

人類約在七百萬年前出現於地球。在演化的過程中，人類曾經多樣化，形成許多不同物種。但如今，幾乎所有人類物種都已滅絕，只剩下智人（*Homo sapiens*）一種。目前智人的個體數量約有七十六億。

未來，如果地球環境又出現大規模變化，人類會不會滅絕？還是說，就算發生地球規模的大型環境變化，人類也能藉由新的技術，彌補生物機能的不足，適應新的環境，繼續生存在地球上？

白堊紀末（約六五五〇萬年前）大隕石撞擊地球時所產生的大地震，據說達到規模十一至十二左右，能量相當於二〇一一年三一一東日本大地震的一千倍至三萬倍。如果真的發生那麼強烈的地震，海嘯的高度可以達到三百至一千公尺，目前地球上幾乎所有的都市都會被瞬間淹沒。

若經歷這樣的海嘯還能存活下來，大概只有生存在西藏高原或新幾內亞高山上的人類吧。唯有住在海拔很高的山上，才能活得下來，但就算活下來，基礎建設也被破壞殆盡，必須回到原本自力更生的生活。現代還有多少人有這樣的能力？假如只有西藏和新幾內亞等住在高山上的人活下來，這些人會不會開創新的人類歷史？

本書是從「滅絕」的角度來分析生物史。當我們了解生物滅絕的原因與過程之後，才能進一步認識到「進化」與「生物多樣性」皆與「滅絕」有很深的關係。另外，知道「滅絕」是怎麼一回事之後，或許能看到在不久的將來，當現代人類來到滅絕邊緣，可能會是什麼樣子。

目錄

第三章　因人類滅絕的生物，與人類欲保護的生物

第四章　「瀕危物種」的狀況

第五章　什麼樣的物種容易「滅絕」？

第六章　真正的「滅絕」是什麼？

第一章 「強制結束」的大滅絕

埃迪卡拉生物群（上）以及狄更遜水母（下）

地球至今所發生過的六次大滅絕

約六億多年以前，地球上開始有多細胞生物出現。在那之後，地球上已發生過六次生物大滅絕事件。每一次的大滅絕，都肇因於全球等級的劇烈環境變化，以天搖地動稱之也不為過。大滅絕發生時，許多生物的生命被「強制結束」。

距今五億四千萬年前，是元古宙與古生代的交界，稱作「V—C界線」（以下與地質年代相關之專有名詞，請參考第十二～十三頁的地質年代表）。這是元古宙

【地質年代表】

			年代
古生代	冥古宙		四〇億年前
古生代	太古宙		二十五億年前
古生代	元古宙		六億二千萬年前
古生代		文德紀（埃迪卡拉紀）	五億四千萬年前
顯生宙	中生代	寒武紀	四億九千萬年前
顯生宙	中生代	奧陶紀	四億四千萬年前
顯生宙	中生代	志留紀	四億一千萬年前
顯生宙	中生代	泥盆紀	三億六千萬年前
顯生宙	中生代	石炭紀	二億九千萬年前
顯生宙	中生代	二疊紀	二億五千萬年前

的文德紀*與古生代的第一個紀——寒武紀的交界處。故以文德紀（Vendian）及寒武紀（Cambrian）的首字母，稱為「V—C界線」。

在古生代寒武紀——距今五億四千萬年前至五億三千萬年前左右，曾發生過一次爆發性的生物多樣化，稱作「寒武紀大爆發」。一般認為，寒武紀時，動物「門」比現在還要多出許多。

在目前的生物分類*中，最大的單位是「界」，位於「界」之下是「門」。目前最單純的分類等級由下而上分別為「亞種*」「種」「屬」「科」「目」「綱」「門」「界」。以我們智人為例，智人是一個「種」（將人類分成多個亞

生宙（Eon）	顯生宙									
代（Era）	新生代							中生代		
紀（Period）	新近紀				古近紀			白堊紀	侏羅紀	三疊紀
	第四紀									
世（Epoch）	全新世	更新世	上新世	中新世	漸新世	始新世	古新世			

現代
一萬年前
二五八萬年前
五三三萬年前
二千三百萬年前
三三九〇萬年前
五五八〇萬年前
六五五〇萬年前
一億四五〇〇萬年前
二億年前
二億五千萬年前

種，這件事在社會上被視為一項禁忌），屬於「人屬」「人科」「靈長目」「哺乳綱」「脊索動物門」「動物界」。現代的動物可至少分為三十八個門，不過在寒武紀時，動物門曾多達五十個左右。

寒武紀之前，也就是前寒武紀的最後一段時期，是所謂的文德紀。這時有一群長相相當奇怪的動物，稱作「埃迪卡拉生物群」。譬如水母狀的「尼米亞似海葵（*Nemiana*）」；橢圓形、鬆餅狀，看起來像氣墊床的「狄更遜水母

*註：現已改為埃迪卡拉紀。

*審訂註：生物分類系統尚有「域」（Domain），是一個比「界」還要高的分類層級。

*審訂註：國際藻類、真菌與植物命名規約（ＩＣＮ）除了承認種（species）與亞種（subspecies）之外，也承認變種（variety）。

（*Dickinsonia*）」，以及各式各樣身體柔軟的動物群，所以這個時期也稱為埃迪卡拉紀。而造成這些埃迪卡拉生物群大滅絕的事件，就是前面提到的「V—C界線」（埃迪卡拉紀末期滅絕事件或「E—C界線」）。

除了V—C界線（約五億四千萬年前），奧陶紀末（約四億四千〇萬年前）、泥盆紀末（約三億六千萬年前）、二疊紀末（約二億五千萬年前）、三疊紀末（約二億年前）、白堊紀末（約六五五〇萬年前）都曾發生過生物大滅絕事件。

二疊紀末的滅絕事件又稱作「P—T界線」，位於二疊紀與三疊紀（Triassic）之間的交界。白堊紀末的滅絕事件又稱作「K—T界線」，也就是白堊紀（Kreide）與第三紀（Tertiary）之間交界。不過現在比較常稱呼其為K—Pg界線，Pg是**Paleogene**（古近紀）的縮寫。

白堊紀**Kreide**源自德文，英文為**Cretaceous**，首字母為C，但我們至今仍多以德文首字母K來表示「K—Pg界線」。

在二疊紀末，也就是P—T界線時期，約有百分之六十的科，即百分之九十的物種滅絕。若以海洋來看，約有百分之九十六的海洋生物物種在這次P—T界線時滅絕。在六次大滅絕中，此次滅絕事件的規模最大。

文德紀末（V—C界線）大滅絕的規模恐怕也很龐大，但因為年代太過久遠，我們難以得知詳情。雖然不知道實際上的數字，但一般認為，應該有九成左右的物種在當時滅絕中消失。

造成生物滅絕的「超大陸」

文德紀末（V—C界線）大滅絕後，少數存活下來的物種往不同方向演化，產生了爆發性的多樣化，這就是所謂的「寒武紀大爆發」。

「V—C界線」大滅絕與「P—T界線」大滅絕，皆與當時大陸與大陸之間合併形成「超大陸」的過程有關。地球上規模最大的大滅絕事件，便肇因於大規模地殼變動造成的超大陸形成或分裂。

地球的構造中心部分為地核，其外側為所謂的地函層，而地函內的大規模對流稱作地函柱（plume）。當某區域的地函比周圍溫度低，從地函表層往中心下降，便會產生「冷地函柱」。若有許多下沉流由於某些原因聚集於一地，便會產生力道強大的冷地函柱。這個冷地函柱會拉近周圍大陸間的距離，使陸地撞在一起，形成超大陸。

超大陸形成後，會產生與冷地函柱截然不同的高溫「熱地函柱」，熱地函柱會上升至地函表層，抵達地表，此時便會引起劇烈的火山活動，釋放出大量有毒氣體。

如果火山在海中噴發，周圍海域的氧氣就會被消耗殆盡。這種現象稱作 **super-anoxia**，直譯為「超缺氧」的意思。

氧氣不足時，海中的多細胞生物會死光。有明顯的證據指出，在泥盆紀末與二疊紀末（P—T界線），都曾出現過超缺氧事件。

埃迪卡拉生物群就是在「岡瓦那大陸」這個超大陸形成與分裂時滅絕的。

至今地球已出現過好幾個（好幾次）超大陸。最初形成的超大陸是十九億年前，稱為妮娜（**Nena**）的超大陸。在它之後，地球可能存在過哥倫比亞（**Columbia**）、潘諾西亞（**Pannotia**）等超大陸。而存在證據較明確的超大陸，則包括羅迪尼亞大陸（**Rodinia**，約十一年前～七億年前）、盤古大陸（**Pangaea**，約二億五千萬年前～二億年前）、岡瓦那大陸（**Gondwana**，約六億年前～一億年前，由羅迪尼亞大陸分裂而成，接著成為盤古大陸的一部分，後來又分裂，屬於規模比較小的超大陸）等。

岡瓦那大陸於中生代白堊紀末期（約六五五〇萬年前），分裂形成非洲、南美洲、南極、印度、澳洲等板塊。直到約四、五百萬年前，現存各個大陸的分布情況才初步形成。一般認為，目前各個分裂中的大陸正在重新聚集成新的超大陸。

大型隕石撞擊地球後會發生什麼事？

奧陶紀末（約四億四千萬年前）的大滅絕，是規模僅次於二疊紀末（約二億五千萬年前。P—T界線）大滅絕的事件。奧陶紀末的大滅絕事件中，約有百分之八十的生物物種滅絕，包括百分之六十的科。

有人認為，奧陶紀末大滅絕原因出在地球寒冷化。奧陶紀末時，地球的寒冷化使一半以上的地球陷入冰凍。這會使海面下降，淺海生物全都會死亡。奧陶紀時，幾乎所有生物都生存於海中，直到志留紀才陸續有生物登陸。而這些海中的生物物種，就有百分之八十因為寒冷化而滅絕。

最近的學說認為，過去在太陽附近有一顆比太陽還要大的恆星，而這顆恆星的超新星爆發，便導致了這次大滅絕。超新星爆發時會釋放出伽馬射線（伽瑪射線暴）。若暴露在高能量的伽瑪射線下，幾乎所有生物都會死亡，臭氧層也會被伽瑪射線破壞。雖然「超新星爆發造成了奧陶紀末生物大滅絕」一說具有一定說服力，但目前仍有許多未解之謎。

規模第三大的生物滅絕事件，就是泥盆紀末（約三億六千萬年前）大滅絕。泥盆紀末約有百分之八十二的物種滅絕。

規模第四的是三疊紀末（約二億年前）大滅絕，約有百分之七十六的物種滅絕。而發生在這之後、廣為人知的白堊紀末（約六五五〇萬年前）大滅絕，則是六次大滅絕中滅絕規模最小的一次，約有百分之七十的物種滅絕。不過，因為恐龍就是在白堊紀末時滅絕，所以大家比較常聽到這場滅絕。另外，因為白堊紀大滅絕的發生時間比較接近現代，所以我們也比較清楚這場大滅絕的原因。

目前普遍認為，白堊紀大滅絕的原因是大隕石撞擊地球。

白堊紀末時，曾有大隕石落在現在的墨西哥猶加敦半島希克蘇魯伯（Chicxulub）這個地方附近，留下了直徑二百公里的撞擊坑。

大隕石撞擊地球時，會產生很大的地震。一般認為，白堊紀末的大隕石撞擊地球時引起的地震可達規模十一至十二。地震規模每增加一，地震釋放出來的能量就會增加為三十一．六倍；規模每增加二，能量就會增加為一千倍。假設白堊紀末的隕石撞擊事件中，地震規模達到十二，那麼這個地震釋放出來的能量，就相當於規模九．〇的三一一東日本大地震的三萬倍。那麼大的地震會引起很大的海嘯、劇烈的火山活動，當然，也會使許多生物陷入生命危險。

不過，恐龍之所以滅絕，是否完全是因為大隕石撞擊地球？我們目前仍無法斷定。有人認為，在隕石撞擊地球之前，恐龍數量就已所剩不多；相對的，也有人認為，在大隕石撞擊地球後，恐龍仍存活了一段時間。

無論恐龍滅絕的真正原因為何，這些成體體重達二十五公噸以上的陸生動物，確實在白堊紀末時完全滅絕了。海中生物相對存續較久，但大型陸生動物幾乎全都滅絕了。

另外，平均每隔六千幾百萬年，就會有一顆大隕石撞擊地球。這表示，在數千萬年內可能將會有一顆大隕石飛向地球。

不過，在這之前，人類可能會在其他原因下滅絕。因此，我們並不需要太擔心大隕石的撞擊會消滅人類。

個體數七十六億的人類會在什麼原因下滅絕？

超大陸形成之後，熱地函柱會上升至地函表層，引發火山活動，造成氣候、環境的劇烈變化，使多數生物滅絕。如前所述，不只是海中生物，火山也會對陸地上的生物造成很大的影響。

二疊紀末，在現在的西伯利亞西部附近有大量火山噴發。大量熔岩流過後留下了痕跡，稱為為西伯利亞暗色岩，規模達日本面積的五倍*。如此大量的熔岩流出，經過的地方自然不會有任何生物活下來。

另外，近十萬年來最大的火山噴發，是七萬年前印尼蘇門答臘島的多巴火山噴發。印尼的多巴湖是世界最大的破火山口湖。七萬年前，這裡曾發生過大規模的火山噴發，形成了破火山口。

當地底下的大量岩漿一口氣噴出地表，會造成毀滅性的終極噴發（ultra plinian）。終極噴發可能會形成大規模的破火山口（很大的火山口凹陷），故又稱作破火山口噴發。多巴湖就是歷經這個過程後形成破火山口，再蓄水成湖。

七萬年前，多巴火山的破火山口噴發，噴出了許多火山灰，這些火山灰使地球溫度平均約下降攝氏五度，這個狀態可能持續一千年到六千年。氣溫下降，植物的光合作用量也會下降，糧食亦跟著減少。十萬年前，人類便已走出非洲，遷徙至全球各地，且數量增加至數十萬人。有人認為，在多巴火山噴發的影響下，人類數量曾銳減至七千人。換言之，這正是關係到人類存亡的危機。遺傳多樣性的減少，產生了「瓶頸效應」（我們將在第二章中詳細介紹什麼是瓶頸效應）。而通過這次考驗的七千名人類，在七萬年間增加至現在的七十六億人，繁殖力還真強。

如果之後再發生這種大規模火山噴發，對人類來說，想必會是很大的危機。或許不會到人類滅絕那麼嚴重，但大規模火山噴發很有可能會造成某地區的人類幾乎全滅。

至今，日本列島已出現過好幾次大規模火山噴發。離我們最近的一次是距今九萬年前，在日本列島南部九州阿蘇山發生的破火山口噴發，又稱作「阿蘇第四噴發」。

阿蘇山在近四十萬年內，曾發生過四次破火山口噴發，而第四次噴發（稱為「阿

*註：約為臺灣面積的五十倍。

蘇第四噴發」的大噴發）約發生在九萬年前。這次噴發是近十萬年內，日本列島上規模最大的火山噴發，若把範圍擴大到全世界，大概可以算得上是第二或第三大的火山噴發。

阿蘇第四噴發所產生的熔岩流，蓋過日本九州北部的三分之二，以及現在的愛媛縣、山口縣的一半左右。如果當時有人在那裡生活，在火山噴發的一到兩小時內就會被熔岩流淹沒而死亡。

人類遷入日本列島，大約是兩萬年前左右發生的事，最早不會早過三萬年前。所以在九萬年前的阿蘇第四噴發時，日本列島上還沒有人居住。如果那時有人類，他們就得直接面對全滅危機了。

阿蘇山在四十萬年內發生四次破火山口噴發，而最後一次的阿蘇第四噴發發生在九萬年前，所以可能不久後就會發生第五次噴發。而如果現在發生規模相當於阿蘇第四噴發的火山噴發，死亡人數可能會達到一千萬人左右。

位在日本列島南部九州屋久島北部海底的鬼界破火山口，曾在七三〇〇年前發生大規模噴發。那時的火山碎屑流甚至淹沒了大隅半島、薩摩半島、種子島、屋久島等地。

屋久島永田岳是一座標高一八八六公尺的山岳，其山頂附近如今仍留有當時火山碎屑流流過的痕跡。連那麼高的地方都逃不過火山碎屑流的侵襲。另外，火山碎屑流中，密度比海水還要小的顆粒不會沉至海底，而是會在海面上快速移動。

當時鬼界破火山口噴發，居住在九州薩摩半島與大隅半島根部的早期繩文人拚命地往北部逃跑。逃到北部的人發展出了新的文化，使繩文時代在七千年前左右出現了文化上的斷絕。也就是說，繩文時代的文化斷絕，原因就出在鬼界破火山口的噴發。

另外，當時生長於屋久島的杉樹應早已完全燒毀。因此，坊間流傳的「最古老的屋久杉已有八千五百歲」完全是捏造。

目前，美國黃石公園、日本鬼界破火山口、阿蘇山皆可能在近期內爆發（這個近期指的是數萬年以內）。那時或許就是人類滅絕的危機。

雪球地球是多種不同動物誕生的契機

綜上所述，造成生物大量滅絕的主要原因，包括地球本身的內在因素（超大陸的形成），以及外在因素（隕石撞擊、超新星爆發等）。

泥盆紀末（約三億六千萬年前）生物大滅絕的原因尚不明瞭，不過一般仍以大量火山噴發以及大隕石撞擊等說法為主。有人認為，加拿大魁北克省與西澳洲的隕石撞擊痕跡，就是該時代的隕石造成。

或許你會認為K—Pg界線時，落在墨西哥猶加敦半島的隕石是地球有史以來最大的隕石。但其實，研究者們還發現了兩個更大的隕石坑。一般認為，這是在更古老的年代、更大的隕石撞擊地球時造成。不過，那時候地球上還不存在大型高等生物，自然也不大可能造成生物滅絕事件。

而內在因素，則以Snowball Earth為最主要原因。Snowball Earth直譯為「雪球地球」，也有人稱為「全球凍結」或「全地球凍結」，這是指整個地球，包括赤道附近在內，完全被冰床與海冰覆蓋的狀態。

一般認為，雪球地球現象至少曾經發生過兩次。第一次雪球地球發生在距今約二十四億五千萬年前～二十二億年前。第二次雪球地球則發生在約七億三千萬年前～六億三五百年前。而就是在「約七億三千萬年前～六億三五百年前」這個雪球地球期之後，出現了埃迪卡拉生物群。

研究者們在澳洲的埃迪卡拉丘陵發現了大量化石群，故稱為埃迪卡拉生物群。如前所述，這是一群外型相當奇特、有著與現生動物完全不同特徵的動物群。日本地球科學專家川上紳一與古生物學家東條文治曾明確指出，這些生物特別的地方在於其獨特的「對稱性」。

有著螺旋狀外型（巴紋）的三星盤蟲便是一個例子。它的形態類似海綿或水母等動物，身體呈螺旋狀，逆時針向外繞出去，中心部分呈一二〇度的旋轉對稱，但不存在鏡像對稱。所謂的鏡像對稱，指的是鏡子中的物體可以和現實中的物體完全重疊的特性。若將三星盤蟲放在鏡子前，鏡子內三星盤蟲的巴紋會是順時針向外繞，無法與現實中的三型盤蟲重疊。現生多細胞動物中，除了外型不定的海綿動物，皆具有鏡像對稱性。埃迪卡拉生物群的化石，其中有些動物沒有鏡像對稱性，有些動物則具有鏡像對稱性，在對稱性上的多樣性比現代動物還要高。

有人認為，雪球地球或許就是具有這些奇異特徵的埃迪卡拉生物群出現的契機。為什麼「二十四億五千萬年前～二十二億年前」這段時間是雪球地球期？在這之前的二十八億年前，光合作用細菌——藍綠菌大量繁殖，有人認為這就是原因。藍綠菌的大量繁殖會產生大量氧氣，而氧氣濃度升高會使大氣溫度下降，進而冷卻地球。

那麼，冰凍狀態下的地球，又為什麼會融化？一個假說認為，地球在冰凍狀態下，火山仍會活動，持續提供二氧化碳。當大氣中的二氧化碳濃度高到一定程度，氣溫便會上升，使冰床解凍。現在的二氧化碳大都溶於海水中，但當時沒有液態海洋能吸收噴出的二氧化碳，故二氧化碳濃度逐漸增加。有人認為，在七億三千萬年前～六億三五百萬年前，雪球地球解凍時，二氧化碳濃度曾高達現在的四百倍。這就是為什麼地球會越來越熱。

氣候變化、環境遽變，會對地球上的各種生物造成很大的影響，這也是埃迪卡拉生物群誕生的原因。

埃迪卡拉生物群的外型千奇百怪，卻是地球上第一批比較具有不同功能的多細胞生物。並不是說在埃迪卡拉生物群之前沒有任何多細胞生物，但之前的多細胞生物的細胞間並沒有「分工」現象。

多細胞生物之所以叫做多細胞生物，是因為細胞間會「分工」。多細胞生物的各個細胞在基因上皆相同，外型與功能卻可能完全不同。譬如，人體的肝臟細胞與皮膚細胞就長得完全不一樣。多細胞生物需要一套複雜的系統，才能控制這些細胞的分工。這套複雜系統的誕生，被認為是一項劃時代的進化，而埃迪卡拉生物群就是第一個身上出現這套系統的多細胞生物。

滅絕與未滅絕都是「偶然」

不管是生物的科、屬，還是種等數量，最多的時間點都是現代。不過，已滅絕的門，或者是已滅絕的大分類群，未來都不會再出現。也就是說，分類階層較低的屬、種的多樣性會逐漸增加，高階分類群的多樣性卻不會繼續增加。

美國古生物學家史蒂芬．古爾德（Stephen Jay Gould）用「異質性」來描述高階分類群之間的差異，用「多樣性」來描述低階分類群的差異。當高階分類群彼此間的差異很大，譬如門的數量很多，會用「異質性很高」來描述。

古爾德主張，寒武紀大爆發時的動物門曾高達一百個門。現存生物只可分為三十八個門，這表示古爾德認為，有六〇多個門的生物在寒武紀大爆發後滅絕了。

不過康維．莫利斯（Simon Conway Morris）在研究寒武紀的伯吉斯頁岩，實際記錄頁岩中的化石後，認為古爾德的主張過於誇張，當時的生物異質性應與現在不會差太多。但我認為，既然可以確定有許多門已經滅絕，表示當時的動物門一定比現在還多。

一般來說，脊椎動物目前都會被置於脊索動物門。脊索動物門是由有脊椎（背骨）的動物——脊椎動物，以及原索動物（包括文昌魚等頭索動物，以及海鞘等尾索動物）集合而成，是一個很大的分類群（有些學者會將原本被視為亞門的脊椎動物、頭索動物、尾索動物提升至門的階層，並將脊索動物提升至「上門」）。當然，人類也屬於脊索動物。人類所屬的生物分類由上而下為「人屬、人科、靈長目、哺乳綱、脊索動物門、動物界、真核生物」。我們在本章的一開始就曾提過這點。

大滅絕後，一些生物門滅絕，一些門沒有。沒有滅絕的門會在未來演化出不同分支、多樣化，使這個門越來越大。因此哪些門滅絕、哪些門沒有滅絕，會大幅影響到未來的生物世界。

寒武紀中期時，海裡就已存在著原始的脊索動物皮卡蟲（Pikaia）。牠與文昌魚同屬於頭索動物亞門，在古爾德的著作《生命的壯闊》（*Life's Grandeur*）中，說明牠是「脊椎動物的祖先」與「人類的祖先」。不過，研究者們在年代比伯吉斯動物群更早的中國澄江動物群中，發現了應屬於脊椎動物亞門的類無顎類生物化石——

豐嬌昆明魚，這是目前發現最古老的脊椎動物化石。這種古生物或許更應稱為「脊椎動物的祖先」或是「人類的祖先」。但無論如何，在當時的環境下，這些原始的生物很有可能因為其他動物的捕食而滅絕，卻在某些偶然的條件下存活了下來。就是因為這些原始的脊索動物逃過了大滅絕，現在才會是脊索動物的天下。如果當時這些原始脊索動物沒能存活下來，現在的世界應該會是完全不同的景象。

確實，偶然性在演化中占了很大的部分。每個人誕生於世這件事本身，就是偶然。若是在偶然之下，另一個精子與卵受精，就不會有現在的「你」了。

這樣看，現在世界上的所有事物可以說都是偶然。

有「滅絕」才有「進化」

天災地變的環境變化，會「強制結束」許多生物的命運，使這些生物滅絕，卻也一定有某些生物能留存下來，並在未來出現大躍進的演化。原本由各種生物占據著的生態區位（niche），會在大滅絕後空出來，使留下來的生物產生爆發性的多樣化。

這麼說或許有點怪，但就是因為有大滅絕，生物才得以進化。「滅絕」與「進化」其實是一體兩面，如果沒有滅絕，就不會有進化。

仔細想想，其實許多系統都是這樣的模式。人類社會也是，許多系統如果沒有先滅絕一次，就不會進化。日本這個國家也是因為敗戰後，舊有系統遭破壞，才能建立起新的系統。

一直維持舊有系統是一件很麻煩的事。系統會隨著時間逐漸僵化，最後在某些原因下崩潰，然後再建立起新的系統。人類社會的歷史，就是在反覆進行著這樣的過程。

或許你會認為，只要先製定好新的系統，並在舊有系統崩潰以前汰換成新的系統不就好了嗎？但實際上並沒有那麼容易。因為在舊有系統崩潰前，人們會為了不讓它崩潰而拚命想辦法維持，但最後還是會崩潰……這種情況才是常態。

第二章　千奇百怪的「滅絕」理由

——「滅絕」與「進化」的關係

始新世的象——古乳齒象（上），與世界最大的猛瑪象——哥倫比亞猛獁（下）。

為什麼象會衰退？

第一章中我們提到，天災地變等級的環境遽變，會使生物大量滅絕。不過就算沒有發生什麼大災難，物種仍可能會逐漸衰退而滅絕，這樣的例子不在少數。既然某些物種會逐漸繁榮，就表示某些物種或物種群會走上滅絕的路。

種系發生學與支序分類學，都在研究物種的系統性發生過程與演化過程。例如，象屬於長鼻類（長鼻目），其祖先在新生代早期便已出現，並逐漸演化出許多分支，持續多樣化。但現生象類卻只有非洲象、亞洲象、圓耳象（有人認為是非洲象的亞種）三種。長鼻類曾有過許多物種，光是發現的猛瑪象化石，就可以分成十四種。

象的祖先出現於距今五千八百萬年前的古新世。另外，長鼻類這個名字源自於牠長長的「鼻子」，不過這個部分其實是象的上唇。始新世（約五五八〇萬年前～三三九〇萬年前）時，原始的象是棲息在濕地的動物，牠的鼻子（上唇）並不長。不過到了漸新世（約三三九〇萬年前～二千三百萬年前），地球逐漸變得乾燥，已適應在溫暖濕地生存的象，必須重新適應乾燥的草原。象常需為了尋找水域而長途步行，且喝水時需時常使用上唇，於是上唇就越來越長，以適應乾燥的環境。

然後，適應環境後的各種象開始多樣化，數量也逐漸增加。至今我們已發現約一七〇個象的化石種，可見多樣化程度相當高。

即使如此，象到現代只剩下三個種。為什麼象的生物種會衰退得那麼嚴重？做為象的一員，猛瑪象因人類的狩獵而衰退可謂是原因之一，不過大多數的象都是在人屬出現以前就滅絕了，故一般認為象的滅絕和人類的活動關係不大。

說到滅絕的原因，第一個會想到的還是適應力不足。有的時候，當環境改變，或者一個物種進入不同環境，遺傳多樣性就難以再增加。我認為這肇因於基因體（核酸上的整體遺傳資訊）系統本身的僵化。在這之前，物種或許會產生相對自由的突變，但一旦突變的方向性被限制住，當環境產生變化，便沒有能力產生新的突變來適應新的環境，進而造成滅絕。就猛瑪象來說，在冰河期結束時，高緯度地區的氣溫上升，原本乾燥的大地潮濕化、草原減少，猛瑪象卻無法適應這樣的環境變化，或許才是牠們滅絕的主因。

一個物種在環境遽變後不一定能產生新的物種。更有可能會在沒有任何新生物種的情況下，整個物種直接滅絕。

就象而言，最初產生許多分歧物種，但多數物種無法適應環境變化而逐漸減少，使整個物種面臨了滅絕危機。

不只是象，犀牛、貘、馬等奇蹄類（奇蹄目）也一樣。

犀牛目前有四屬五種，皆處於瀕臨滅絕的危險中。貘（屬），數年前曾有研究人員發現棲息於巴西與哥倫比亞的新種（命名為「卡波馬尼貘」，學名為 *Tapirus kabomani*），但即使把這個物種算進去，現生貘也只有五種。馬（屬）除了我們熟知的馬之外，還有三種斑馬與四種驢，總共只有八種。

另外，由近年來的DNA分析顯示，蒙古的普氏野馬源自五千五百年前的哈薩克，是人為飼養之家畜——馬的後代。也就是說，普氏野馬並非真正的野生種。

「瓶頸效應」與基因滅絕

即使環境沒有發生劇烈變化，原本的物種與新物種或近緣物種間也會出現競爭，在競爭中落敗的一方便會滅絕。此外，物種也可能在不明緣由的情況下滅絕。

前一章介紹古爾德強調，生物的「滅絕」純粹是偶然。物種會存續或滅絕，僅取決於運氣好或不好，屬於中性演化理論。

日本族群遺傳學者木村資生提倡「中性演化理論」。中性演化理論認為，「突變後的基因不會使個體特別適應環境，也不會特別不適應環境時，便會自然而然地散播在族群內」。

如同哈代—溫伯格定律（遺傳平衡定律 Hardy-Weinberg Equilibrium）所描述的，原本人們認為，只要各種等位基因的適應度沒有變化，那麼各種等位基因間的比例也不會改變。以血型為例，日本人族群中，A型人最多，O型人第二，B型人第三，AB型人最少。或許是因為A型人比O型更能適應日本環境，因此有這樣的比例。

但依照木村資生的理論，即使是在哈代－溫伯格定律適用的族群，實際上也可能在某些原因或偶然下，由於某種基因的比例突然增加，同時某種基因的比例突然減少，然後滅絕。

我們在第一章中曾經提過「瓶頸效應」。假設一個瓶子裡有許多珠子，有紅珠、黃珠、白珠，搖動瓶子時，偶然有幾顆白珠飛了出來。這就相當於有少數幾個個體從一個大族群中脫離出來，棲息在新的環境。此時，這幾個個體的遺傳多樣性會小於原本的族群。即使之後個體數逐漸增加，遺傳多樣性卻沒那麼容易增加。

族群遺傳學認為，這種瓶頸效應會產生均一性高的族群。換言之，瓶頸效應會產生遺傳多樣性低的族群。

北美原住民的血型多為O型，即為瓶頸效應的一個實例。

類似說法有很多版本，不過一般認為，在一萬四千年前～一萬二千年前，白令海峽冰河化，使各個大陸連接在一起時，有一些人類從亞洲北方穿過海峽來到北美，而這些人就是北美原住民的祖先。前往北美的旅途十分嚴苛，有相當多人因此死亡。當時活下來的族群中，剛好O型的人較多，因此在美洲大陸繁衍的人，O型比例特別高。

這就是典型的「瓶頸效應」。也就是：一個小族群從某個大族群中脫離出來，而這個小族群的基因多樣性比原本的大族群還要少，個體數卻在之後爆發性地增長。

若是這些從瓶中脫離出來的「個體數少的特定族群」沒辦法存續下去，而是在偶然下滅絕，那麼這個小族群便會直接消失；若是仍在瓶中的大族群滅絕，則只有從瓶中脫離出來的族群能夠存續下去。

回到北美原住民的族群。當人類來到北美洲之後，隨即進入了南美洲。並在距今一萬年前左右，抵達南美的盡頭。想必對這些人來說，美洲大陸是一個適合居住，又沒什麼競爭對象的地方吧。於是遷移至北美的族群的後代，便在南北美洲大陸爆發性地增長。

這個瓶頸效應的例子中，一小群個體脫離了原先族群，移居到其他地點棲息。而在其他一些例子中，則是原本的族群個體數大幅減少，瀕臨滅絕，之後再度增加。第一章曾提到，七萬年前，多巴火山的破火山口噴發使人類的個體數大幅減少，之後又爆發性增加，這就是一個典型例子。另外，與其他貓科動物相比，獵豹的遺傳多樣性比較小，就像是複製出來的個體一樣。這也是因為獵豹在一萬年前曾瀕臨絕種，後來個體數回復後所產生的瓶頸效應。人類與獵豹之所以沒有滅絕，或許單純只是因為運氣很好而已。順帶一提，同時期的獵豹近緣種——同屬的兩種獵豹卻都已滅絕了。

物種間捕食的「滅絕壓力」，最大來源就是人類

人類遷移至北美洲時，北美洲的大型哺乳類出現了大量滅絕的現象。這是更新世（約二五八萬年前～一萬年前）末期時發生的事。也就是說，這些哺乳類的滅絕很可能是人類造成的。

就連哥倫比亞猛瑪這個世界最大的猛瑪象，也在人類遷入北美的二千年後滅絕。雖然這段時期曾出現過大規模的氣候變遷，但人類的狩獵應該才是猛瑪象滅絕的主因。

乳齒象出現於四千萬年前，這些原始的象類曾在歐洲大陸、亞洲大陸、非洲大陸、北美大陸、南美大陸棲息了很長一段時間，卻在約一萬一千年前時滅絕。

地棲型的巨大樹懶——大地懶的體長為六～八公尺，體重可達三公噸。曾棲息

於南美洲，一直到一萬年前。或許是因為牠們的生態地位與人類相近，當人類進入南美洲，大地懶便滅絕了。原本北美洲亦棲息著同科、大小幾乎相同的泛美地懶（*Eremotherium*）。一般認為，這些生物也是因為人類的狩獵而滅絕。

綜上所述，有些物種是因為其他物種的因素而滅絕，而人類便具有這種壓倒性的「滅絕壓力」。在許多例子中，野生生物之間確實會因為競爭、捕食、被捕食等關係，使個體數量減少。但大多數的野生生物並不會因為競爭或被捕食而滅絕。

舉例來說，獅子與獵豹會捕食斑馬與羚羊，但如果做為食物的斑馬與羚羊全被捕食光、滅絕，獅子與獵豹也會因為缺乏食物而無法生存，進而滅絕。為不致演變成這樣的情況，自然界的捕食成功率多僅為三成左右。

當然，也是有某些動物在非人類動物的捕獵下滅絕，但若說到藉由捕獵滅絕其他物種的能力，毫無疑問地，人類遠勝過任何動物。

為什麼尼安德塔人會在競爭中輸給智人？

不同種的人類之間也會競爭。一般認為，尼安德塔人（*Homo neanderthalensis*）

之所以會滅絕，就是因為他們曾與智人競爭，卻輸給了智人。

那麼，為什麼尼安德塔人會輸給智人？其實直到現在仍沒有一個確定的答案。但最近有人提出一種說法，認為原因出在尼安德塔人與智人的社會性有很大的不同。簡單來說，智人個體間容易建立起密切的人際關係，傾向於互相協助，使智人勝過了尼安德塔人。

比較兩種人類的腦，會發現尼安德塔人的腦容量比智人還要大。智人的腦容量平均約為一三五〇CC，尼安德塔人則是一四五〇CC。換言之，尼安德塔人比智人大了一百CC。不過，智人的額葉比較大一些。

過去認為，尼安德塔人沒有語言能力，也就是不會說話。不過尼安德塔人具有**FOXP2**這個和語言有關的基因，鹼基序列也與智人完全相同。所以現在學界傾向於認為尼安德塔人具有語言能力。

不過，尼安德塔人的喉嚨構造與智人不同，喉嚨位置比較高，可能沒辦法大聲說話。將空氣從肺部送至口部再送出體外時，較低的喉嚨較容易使聲帶震動，發出聲音。喉嚨偏高，空氣會從鼻子漏出，所以有人認為，尼安德塔人沒辦法順暢地發出聲音。不過，尼安德塔人的舌骨（人體在頸部以上的骨頭中，唯一固定在肌肉上，不與其他骨頭連接的骨頭。其他骨頭皆會與別的骨頭連接形成關節）與智人相同，所以尼安德塔人應該也能夠靈活地控制舌頭。

或許，尼安德塔人可以用很小的聲音說悄悄話。若尼安德塔人只能發出這種聲量的聲音，那麼在他們與智人競爭時，這顯然會成為很大的不利因素。例如，遠方有敵人衝過來時，若能發出很大的聲音，便可迅速通知族群裡的其他個體。尼安德塔人的說話方式或許有利於傾訴愛意，卻不利於傳達訊息給其他夥伴。

現代人的DNA中，帶有百分之幾的尼安德塔人DNA。換言之，尼安德塔人曾與現代人的智人祖先雜交。而智人與尼安德塔人雜交後獲得的基因中，可能有耐寒基因，這或許幫助了智人撐過末次冰期。另外，近年來也有人提出，智人可能從尼安德塔人那裡獲得了抵抗流感的基因。

生物對於其他個體的行為與感覺，能否感同身受？

一般認為，尼安德塔人應該無法與智人的祖先對話。不過，就算語言不通，人類仍有所謂的鏡象神經元（能對其他個體的行為與感覺感同身受），可隱約察覺到對方想表達的意思，因此就算語言不通也能夠溝通。

人類的腦與其他脊椎動物的腦有共通的結構，所以應該能夠理解其他脊椎動物的感覺。例如，中國戰國時代的宋國思想家莊子與惠子就曾辯論過是否能理解魚的想法。結論是人沒辦法完全理解魚的想法，卻能夠「隱約察覺」到魚的快樂。

近年來的研究指出，魚似乎可以感覺到「疼痛」。或許之後會有人提出「因為魚會痛，所以不要殺來吃」「吃生魚片實在太不人道」之類的主張。我們先把這些放一邊，總之，魚受傷時的確會感覺到疼痛。

魚沒有新皮質，卻有大腦、小腦、間腦等構造。所以某種程度上，應可和人類溝通。就算沒有新皮質，魚應該也能感受到疼痛。不過我們並不知道這種「痛」，和我們人類所理解的「痛」是不是同一回事。

另外，可以確定的是，昆蟲應該沒有痛覺。因為就算把牠的腳切掉，牠也不會表現出疼痛的樣子。

而貓和狗毫無疑問地會感到疼痛。因為牠們的新皮質相當發達，所以感情也很豐富。牠們心情很好或很差的時候，其他個體也能夠立刻察覺。

就連烏龜也能夠隱約理解到人類的行為模式。當有人靠近公園池塘，鯉魚就會為了爭奪飼料而游上前來，不過這屬於條件反射。烏龜同樣會靠近人類，不過烏龜似乎會邊看著人類邊靠近。烏龜在很小的時候，大腦新皮質就很發達了，故應能理解某些人類的行為。

那麼，獨角仙和人類之間是否能溝通？我認為應該是完全沒辦法。獨角仙的腦神經系統和人類完全不同。

因此，同樣是飼養生物，飼養哺乳類與昆蟲的樂趣可說是完全不同。像我這種喜歡昆蟲的人，飼養昆蟲的目的與樂趣在於製作漂亮的標本。不過，飼養貓咪的人應該不會想把自己養的貓作成標本吧。

為什麼古老物種在競爭上會輸給新物種？

生態區位接近的種與種互相競爭時，誰會滅絕？通常，歷史較長的古老物種，滅絕的可能性比較大。為什麼古老物種常會輸給新物種？這是個耐人尋味的問題。仔細想想，國家的情況也差不多。許多古老的國家會逐漸衰退，被新的國家取代。戰爭時，新興國家通常會比較強。制度化、社會高度成熟的國家，碰到戰爭時，通常會敗給野蠻的新興國家。

我們並不知道確切原因，但多半還是因為系統的僵化，才使國家變弱。就個人來說也一樣，老人比年輕人還弱是理所當然的事。白髮蒼蒼的我和年輕人戰鬥，可說是一點勝算也沒有。這是因為上了年紀之後，細胞功能會逐漸衰退。身體的肌肉會衰退，頭腦也會衰退，也就是所謂的「老化」。

那麼，生物種也會「老化」嗎？

環境遽變會「強制結束」許多生物的生命，造成大滅絕；人類的狩獵也會使某些物種滅絕。這些還算是比較好理解的理由。不過，就算沒有這些因素，某物種的族群也可能越來越小，或者是整個物種逐漸消失。譬如物種或種族的老化，也會使牠們滅絕。

長鼻類（長鼻目）與奇蹄類（奇蹄目）等皆在衰退中，幾乎可以看到滅絕的命運。

奇蹄目包括馬、犀牛、貘，現在的奇蹄目只剩下這些物種。包括斑馬與驢在內，現生的馬只有八種。這些物種都屬於馬屬（*Equus*）。貘只有五種，犀牛也只有五種。

北白犀（白犀牛的亞種）最後一隻公犀於二〇一八年三月時死亡，大眾媒體曾報導過這件事，並引起了一陣話題。所以至少我們可以確定，這個亞種即將滅絕。

過去曾有過許多奇蹄目動物。最古老的奇蹄目動物出現於古新世（約六五五〇萬年前～五五八〇萬年前）。到了始新世（約五五八〇萬年前～三三九〇萬年前）初期，奇蹄目已分支演化成為三個系群。

順帶一提，「始新世」顧名思義，指的是「新」「世」界的開「始」。為什麼會這麼命名？因為在達爾文的時代，人們認為地球的歷史開始於這個時期。不過後來人們發現，地球的歷史遠比這還要早，並將始新世之前的年代稱為「古新世」。

新生代（約六五五〇萬年前～現在）時期，最古老的年代為古新世（Paleocene），Paleocene的paleo是「古老」的意思，cene則是「新」的意思。「世」在英文中為Epoch，在「世」之上的年代區間為Period，中文翻譯做「紀」，譬如「白堊紀」、「古近紀」。從二五八萬年前到現在的「第四紀」英文稱作Quaternary Period。在「紀」之上的年代區間為「代」Era，譬如「新生代」就是Cenozoic Era。年代區間由大到小分別為Era、Period、Epoch（參考第十二～十三頁的地質年代表）。

奇蹄目出現於新生代、古近紀的古新世初期，到了始新世初期，分支演化成三個系群，並在接下來的漸新世（約三三九〇萬年前～二三百萬年前）進一步多樣化。不過，在進入中新世（約二三百萬年前～五三三萬年前）前，多個物種陸續滅絕。雖然也有新的物種誕生，卻有更多物種滅絕，最後只剩下馬、犀牛、貘各數種。

野生的馬屬只有三種斑馬，其他皆已絕種。如前所述，普氏野馬原本被認為是最後的野生馬，不過在經過DNA分析後，確認到在約五千五百年前，居住於現在哈薩克的人類就曾飼育過普氏野馬，現在的普氏野馬則是後來再度野化的個體，真正的野生馬早已不存在。

因此，現代的馬皆屬於馬屬，而馬屬出現於更新世。始新世的始祖馬大約只有中型犬那麼大，前腳腳趾（蹄）為四趾，後腳為三趾。漸新世的漸新馬前後腳皆為三趾，中新世的草原古馬的三趾中有兩趾退化，到了上新世的上新馬則只剩下一趾，與更新世的馬相同。另外，馬的體型也在演化過程中變得越來越大隻。綜上所述，馬在演化過程中，腳趾數量逐漸減少，體型逐漸變大，似乎朝著一定方向演化。於是學者們便常以馬做為「定向演化」的範例。美國的古生物學者喬治・辛普森（George Simpson）認為，雖稱為定向演化，但其實馬的演化也是經歷了許多突變與自然選擇的漸近式演化。如前所述，在這個過程中，應曾有多個馬的種系出現又滅絕。古爾德則認為，馬的演化過程並非漸近式，而是斷續式的演化。

順帶一提，賽馬領域中，純種馬（thoroughbred）的血統皆可追溯至三頭雄性種馬。藉由近親交配得到速度更快的後代，這就是賽馬的歷史。這也表示，賽馬幾乎可說是一群由複製後得到的生物，而近親交配可能會使牠們具有許多不利生存的基因。賽馬的壽命偏短，或許就是因為這個因素。

即使不將賽馬算在內，馬仍是人類飼養的動物中重要的家畜。不僅可供食用，也是戰爭時的重要財產，還可用做農耕，更是賽馬等博奕活動的主角。現在馬的生存已相當依賴人類，一般認為，如果人類滅絕，馬應該也會滅絕。

人類滅亡後，會在地球上大量繁衍的物種是牛？

二〇一八年時，美國新墨西哥大學的生物學家史密斯（Felisa Smith）與研究團隊發表了一份研究報告，報告中提到，如果人類滅亡，牛將會在地球上大量繁衍。

與馬不同，牛的數量相當多，現在地球上約有十五億頭牛。人類滅亡後，地球上最多的大型哺乳類動物就是牛，因此牛將會成為世界的霸主。多數家畜都相當依賴人類的飼養，但牛不一樣。就算沒有人類，牛也能自行覓食，並在氣溫改變時，持續移動到適當的區域。當然，事情其實沒那麼簡單。

先不論牛是否會成為世界的霸主，至少我們可以觀察到，奇蹄類與包含牛在內的偶蹄類在攝食型態上有很大的不同。現在的偶蹄類中，最繁榮的是反芻動物，反芻動物可以把吃下去的食物暫時儲存在體內，這種做法使牠們較能適應現在的環境。奇蹄類會在競爭中敗給偶蹄類而逐漸衰退，或許就是這個原因。

反芻動物以外的草食動物是如何攝取蛋白質的？牠們會從草中攝取到為數不多的胺基酸。為了獲得足量的胺基酸，牠們需吃下大量的草。這就是為什麼牠們無法適應現在的環境。草幾乎都是由碳水化合物組成，吃得太多會有熱量過剩的問題。熱量過剩會造成動物過度肥胖而難以活動，使動物難以移動或逃跑。馬如果不跑，就會長得像豬一樣肥，所以為了不變肥必須時常奔跑。而像牛這種反芻動物，胃中棲息著各種細菌與原生動物。牛吃下的草會成為這些細菌的食物。細菌可以合成胺基酸，故牛可以藉由分解細菌，或分解吃細菌的原生動物，以較高的效率獲得胺基酸。因此牛的食物攝取效率比馬還要高。

最近有一篇研究論文在討論老鼠的腹痛對食慾的影響。如果是人類，肚子痛時食慾會降低，但野生動物——特別是老鼠這種如果沒有每天進食就會死去的動物，空腹時是感覺不到肚子的疼痛。確實，像鼩鼱這種很小的動物，如果不進食，馬上就會餓死。如果牠們因為肚子痛而不吃東西，馬上就會死亡。人類就算三天不吃東西也活得下去，老鼠卻不能。

物種與種系的壽命

如同我們在本章開頭所說的，早期的象出現於古新世，在始新世到漸新世的期間內多樣化，並在中新世到上新世的期間內繁榮起來。

現在幾乎所有的象都已經滅絕。即使將非洲象與圓耳象視為不同種，現生的象也只有非洲象、圓耳象、亞洲象等三種。

現存野生動物多集中在非洲與東南亞，特別是非洲，因為這裡的大型野生動物受人類的影響比較小。非洲與東南亞的植物相當繁盛，能量的生產量相當高，也是動物比較不容易滅絕的主因。

上新世是猛瑪象的最後盛世。猛瑪象可適應寒冷環境，順利度過了冰河期。其他種類的象多喜好溫暖環境，故在氣候寒冷時一一滅絕。

猛瑪象在末次冰期的末期滅絕，那時大地逐漸開始暖化。猛瑪象偏好棲息在草原，然而大地暖化會使森林擴大，造成猛瑪象大量減少。

不過，壓垮猛瑪象的最後一根稻草，我認為還是人類。真猛瑪與哥倫比亞猛瑪都是在人類進入牠們的棲息地後才滅絕的。

然而，在不曾有人類居住過的地方、不曾有人類抵達過的地方，那裡的猛瑪象也滅絕了。所以不是所有的猛瑪象都是因人類而滅絕的。猛瑪象滅絕的主因還是氣候變遷與環境變化，使適合猛瑪象棲息的土地持續縮減，最後才是人類的狩獵活動。

亞洲象是與猛瑪象親緣關係相近的現生象種。或許我們可以藉由亞洲象的基因操作，人工製造出猛瑪象。在西伯利亞的永凍土中，曾出土過冰凍的猛瑪象化石，化石中就含有猛瑪象的DNA。如果猛瑪象能在現代重生，想必會引起很大的熱潮。

我認為猛瑪象並非不可能重生。如前所述，就種系來說，猛瑪象與亞洲象的親緣關係相近，只要找到狀態良好的猛瑪象細胞，取出細胞核，再移植到亞洲象的卵內，就有可能製造出猛瑪象。不過，死亡細胞內的DNA通常並不完整，所以沒那麼簡單。

二〇一八年，《又見猛瑪象》一書出版（*Woolly*，班・梅立克（Ben Mezrich）著）。這本書介紹了哈佛大學醫學系教授喬治・丘奇（George Church）等遺傳學家正在進行的猛瑪象重生計畫。他們計畫將猛瑪象的基因一點一點地寫入亞洲象的基因，將亞洲象轉變成猛瑪象（或近似於猛瑪象的動物）。這個計畫或許得花上數十年，但我認為他們一定能成功讓猛瑪象重生。

先聲明，即使讓猛瑪象重生可行，但是要讓恐龍重生仍是不可能的任務。畢竟恐龍過於古老，我們沒辦法從殘存的化石中蒐集到足夠的ＤＮＡ片段。《侏儸紀公園》電影系列中提到，人們在琥珀中找到了吸有恐龍血液的蚊子，並從這些血液中的恐龍ＤＮＡ成功復活了恐龍，但這在科學上可以說是異想天開的想法。恐龍的基因體是不可能復原的。

不過，由尼安德塔人的基因體分析工作可以知道，如果是數萬年前遺留下來，保存良好的骨頭，是有可能採集到足夠的ＤＮＡ，分析出生物基因體。

另外，現在基因體的分析速度也快了不少。一九九〇年時，需要三十億美元的預算，以及十三年的時間才能完成「人類基因體計畫」，現在只需要不到幾百美元的費用，耗時數天就可以完成。

不過，蒐集每個人的基因資訊不一定是個好主意。舉例來說，有了一個人的基因資訊，就能在一定程度下預測其壽命。而且這些個人資料無法變更，如果洩漏出去，會造成很大的問題。

先把這個問題放在一邊，猛瑪象固然有可能是因為被人類獵捕而滅絕，但也有可能是因為物種的壽命到了終點，自然而然地滅絕。長鼻類這個種系誕生後，曾經歷過繁盛的時期，現在則逐漸老化，這應該也是猛瑪象滅絕的主因之一。不過，若想從細胞生物學的角度來說明這個現象，卻不是件容易的事。

無論如何，因為系統僵化，降低了猛瑪象產生非有害突變的機率，這點應該毫無疑問。若基因內包含了各種能力的「種子」，那麼在演化上產生分歧時，便能讓基因體維持較高的可塑性，使整個基因體邊改變邊延續下去。環境改變時，基因體需適當應對，物種才能夠存活下去。若種系或物種的系統僵化，連突變都做不到，便會因為無法適應新環境而逐漸被淘汰，最後迎來滅絕的命運。這就是我的想法。

生物生存與物種延續

基因組的改變可能會讓生物的外型與生理機能出現變化。即使如此，只要能活著，物種就能夠延續下去。這麼說可能有點奇怪，但生物只要不死，就能活下去。

我們常可看到一些生物有著奇怪的性狀。為什麼牠們會有這些奇怪的性狀？可能你會認為，這些生物需要這些有特殊功能的性狀，才能活下來。當然，確實有不少生物是「因為具有這種奇怪的性狀，才能存活下來」，不過這卻不是全部。相反的，「就算具有這些奇怪的性狀，也能夠存活下來」才是多數生物真正的樣子。

人類身上也有許多看起來沒什麼用的性狀。譬如在奇怪的地方上長了毛、白髮、禿頭，卻還是能存活下來。

當然，人類身上也有許多明顯有用的性狀、利於生存的性狀，但並非所有性狀皆如此。有些人認為某些看似無用的性狀一定也有著某些用處，但實際上，人類身體上的無用性狀實在太多，難以支持這樣的說法。不過，只要這些性狀不會導致死亡，人類就可以活得下來。

人類身上的體毛大都已經退化，其實這樣的性狀並不適合生存，但人類還是存活下來。新達爾文主義的人們會去找各種理由，嘗試說明無體毛是為了適應什麼樣的環境、為什麼人類在自然選擇下體毛會逐漸退化等，卻一直無法提出一個合理的論述。我認為，我們並不需要勉強去找一個理由說明為什麼體毛退化比較能適應環境。「人類的體毛退化了，雖然這樣不利生存，但還是沒有死光而存續至今」，就只是這樣而已。

另外我認為，人類體毛的退化，應該與腦的巨大化及語言中樞有關。目前我們已可確定，一個基因常會有多種功能。例如，粗黑頭髮與「箕形門齒」在基因上互相綁定。

觀察拔下來的門齒，會發現有些人的門齒內側有著像是畚箕的凹槽，這就是所謂的箕形門齒。而研究發現，造成箕形門齒的基因，與造成粗黑頭髮的基因彼此綁定，兩者皆與某個會影響外胚層發育的基因有關。如果腦容量增加的突變，和體毛退化的突變綁定，那麼腦容量增加的副作用，就是體毛退化。就算這是不利於適應環境的性狀，也只能接受。

當不利的性狀與有利的性狀綁定在一起，只要「物種還是能存續下去」，就屬於有利的性狀。腦容量增加後，人類變得比較聰明，就算體毛變少了，人類卻學會了如何製作衣服、使用火，進而提高物種存續的機率。

如何決定合理的分類體系？

DNA的分析結果，使人們重新檢討過去的種系分類。某些過去的分類體系需進行修正，分析過生物的詳細性狀後，種系分類甚至可能重新洗牌。

例如，過去人們曾依據骨盆的形狀，將恐龍分成鳥臀目和蜥臀目。不過最新的解剖學知識認為，鳥臀目其實是蜥臀目內的一個分支。過去人們認為這兩個目分別有各自的共同祖先，再獨立發展成鳥臀目與蜥臀目這兩個單系群，但現在發現，鳥臀目其實是蜥臀目內的一群。

蜥臀目的獸腳亞目以大型恐龍暴龍，以及小型恐龍伶盜龍為代表，皆為雙腳步行的肉食恐龍；蜥腳亞目則以腕龍與梁龍等植食恐龍為代表。

鳥臀目則包括以劍龍為代表的劍龍亞目，以甲龍為代表的甲龍亞目，以三角龍為代表的角龍亞目等。最新的研究指出，獸腳亞目與鳥臀目的親緣關係相近、蜥腳亞目則屬於另一個系群。

支序分類學中有著單系群（monophyly）、駢系群（paraphyly）的概念。mono是「單一」的意思，para則有著「近似的」「接近的」的意思。單系群指的是由單一祖先物種演化分歧而來之所有物種所構成的分類群。駢系群指的是從一個較大的單系群中剔除較小的單系群後，剩下的物種所構成的分類群。關於駢系群能否被視為一個真正的分類群，仍有著很大的爭議。不少分類學家認為，只有單系群才能被視為一個分類群。

另外，分類學上還有多系群（polyphyly）的概念。這種分類方式與種系無關，只是將看起來類似的生物劃為一類而已，明顯不是正確的分類群。所以問題在於該如何看待駢系群。

舉例來說，目前鯨魚被歸類為偶蹄目的一個內群。由DNA分析的結果顯示，與鯨魚親緣關係最接近的是河馬，因此鯨魚也該被劃為偶蹄目。但偶蹄目除了河馬之外，還包括了牛、鹿等大量物種。如果將這些陸生動物全劃為偶蹄目，而只將鯨魚獨立出來劃為鯨目，則鯨目會是一個單系群，包含了多種陸生動物的偶蹄目會成為駢系群。如果我們堅持只能將單系群視為真正的系群，就必須將鯨目與偶蹄目合在一起，用「鯨偶蹄目」這個有點奇怪的名稱來稱呼這個單系群。

鯨魚從與河馬的共同祖先分歧出來後，身體出現了很大的改變。所以我認為，將所有鯨魚視為單一分類群，並不會有太大的問題。而在恐龍的例子中，獸腳亞目與蜥腳亞目的外觀本來就有很大的差異，因此將獸腳亞目與鳥臀目合併為一個分類群，蜥腳亞目獨自成為一個分類群，這樣並不會有太大的問題。

人類的種系可以往回追溯到肺魚（具有肺、內鼻孔等兩生類特徵，故稱為肺魚）。肺魚與近緣類群——腔棘魚分歧之後，演化形成包含人類在內的所有四足動物。若基於單系群的概念來分類，可以分出「肺魚＋四足動物」與「腔棘魚」這兩個對等的分類群。不過舊式分類中，會將「腔棘魚＋肺魚」分為一類，稱作肉鰭魚，是一個駢系群，不是真正的分類群。然而，肺魚與腔棘魚的形態發生過程幾乎相同，但演化成四足動物後，形態發生過程卻出現了很大的變化。考慮到這點，不得不認同，將這個駢系群視為一個分類群會比較恰當。

若嚴格依照分歧順序為生物分類，那麼硬骨魚類、兩生類、爬行類皆為駢系群，而非真正的分類群，這樣的結果顯然有些奇怪。我認為以生理系統的差異分類，再對照實際的進化過程做調整，才是比較妥當的做法。

無論如何，許多生物種系在演化、分歧到某個程度時，會再也無法產生重大的變異，或者無法產生新的適應機制，使該種系逐漸衰退、滅絕。這些種系滅絕之後，其他發展出了新適應機制的生物，因具有許多進化的可能性，故會逐漸多樣化，然後再收斂到幾個相對較細緻、穩定的適應機制，產生不同新物種。不過，一段時間後，這些物種會變得過於穩定，無法再演化出新的適應機制。一旦環境再度產生變化，這些物種就會因為無法應對而滅絕。整個生物圈的演化史，可以說是這個過程的周而復始。

在滅絕與進化之間反覆的三葉蟲

就像個體有壽命一樣，物種與種系也有著類似壽命的東西。物種本身會老化嗎？如果是，又為什麼會老化？

多數情況下，若一物種在與其他物種競爭中落敗，會導致該物種「滅絕」。為什麼這種競爭通常會由新的物種取得勝利，舊的物種往往落敗？

如同古爾德所說，生物的存續與滅絕純屬偶然，誰會存續，誰會滅絕，應該是隨機決定。既然如此，應該會有古老物種存續下來，新物種卻滅絕的例子；也應該會有某些物種不曾遭遇過滅絕危機，一直存續下去。

目前人類共有七十六億個個體。假設人類的死亡率固定，也就是人類八十歲時的死亡率，與五歲時的死亡率相同，理論上來說，七十六億人中最老的人有數萬歲也不奇怪。當然實際上並非如此，這是因為人類有壽命的限制。也就是說，到了一定年紀以上，死亡率便會大幅上升。

讓我們從同樣的角度來看物種與種系。假設古老物種與新生物種的滅絕機率相同，那麼理論上來說，在數量龐大的物種中，有個超級長壽的物種也不奇怪。但實際上，我們卻不曾看過存在了數千萬年到一億年的物種。以象為例，象是一個即將滅絕的種系，現在的非洲象與亞洲象的滅絕機率，應該會比剛出現沒多久的種系還要大上許多。

綜觀生物史，不管是物種還是種系，似乎都有著「壽命」。一個種系可能在誕生出一個新的物種時煥然一新，使整個種系繁盛起來。接著，種系可能會隨著時間經過而越來越弱小，然後又在某些契機下再度煥然一新，反覆持續這樣的過程。

三葉蟲是出現於古生代初期的寒武紀前期後半（約五億二千萬年前），滅絕於古生代末期的二疊紀節肢動物。換言之，古生代的各個時期都可以看到三葉蟲的蹤影。但事實上，三葉蟲曾經數度瀕臨滅絕。其中以泥盆紀末時最為嚴重，幾乎完全看不到牠們的蹤跡，僅保存了一條細微的命脈。

奧陶紀是三葉蟲最繁盛的時期。三葉蟲在寒武紀時大肆多樣化，一時繁盛；到了寒武紀末期時，卻有相當多物種滅絕。奧陶紀時三葉蟲再度繁盛，到了奧陶紀末期時卻又大量滅絕到瀕臨絕種的程度。不過在志留紀、泥盆紀時又繁盛起來。泥盆紀是三葉蟲第二繁盛的時期，但到了泥盆紀末時，三葉蟲則瀕臨滅絕。

如前章所述，二疊紀末的大滅絕是六次生物大滅絕中最為慘烈的一次。三葉蟲也是在這次滅絕事件中滅絕的，即使如此，三葉蟲仍在這個世界上存在了二億七千萬年。

三葉蟲的種類非常多，光是確認過的物種就有約一萬多種，可分為一千五百個左右的屬。那麼三葉蟲滅絕這件事，可以單純視為一萬多個物種的滅絕嗎？

舉例來說，假設A這個物種，演化成B這個現生物種，而A則是只出現在化石中的物種。固然A是一個已滅絕的物種，但A演化成為其他物種，所以整個種系並沒有滅絕，只是從A變成了B而已。「沒有留下任何子孫就此絕種」以及「演化成其他物種後絕種」都是絕種，卻有著很大的不同意義。然而在實務上，我們很難區分這兩者的差異。

三葉蟲可以分為八大系列（目）。三葉蟲的英名為Trilobite，Tri意為三個，lobe意為葉，ite則是代表化石的後綴詞。其背板可垂直分成三個部分，分別是中央的中葉（axis）與左右成對的側葉〔pleura(e)〕。能垂直分成三個部分，就是三葉蟲這個名稱的由來。另外，三葉蟲的軀幹亦可以橫向分成頭部、胸部、尾部。三葉蟲的尾部有叫做側板的結構，外觀看起來就像肋骨一樣。不同種的三葉蟲，側板的個數是不同的。

從一個三葉蟲物種的出現，到同外型的物種消失，最長差不多可持續五百萬年。平均來說，大約四百萬年左右，就會有一個物種消失。

雖然一個物種的消失，也代表著一個物種的出現，但「做為末端物種滅絕」與「做為下一個物種的母種，演化成新的物種」意義完全不同。在大多數的三葉蟲系列中，側板數會隨著演化而漸進改變。一般來說，側板數會逐漸增加。在漸進演化的三葉蟲種系中，物種並沒有真正滅絕，而是演化成為下一個物種。

也就是說，就三葉蟲而言，從物種的角度來看，確實有許多物種滅絕，但從整體種系的角度來看，卻沒有那麼多種系滅絕。許多古老的物種演化成為新的物種，使種系得以存續。嚴格來說，這並不算絕種。只有無法留下子孫的末端物種，才是真正意義上的滅絕。

在特定條件下，進化可能會在短時間內發生。

舉例來說，三棘魚廣泛棲息於北半球，是一種背部有棘刺的魚，英文名稱為 **stickleback**，而 **stickle** 在古英文中也是棘刺的意思。捕食三棘魚的魚，會因為三棘魚身上的棘刺而難以嚥下。也就是說，棘刺對三棘魚來說是一種防禦手段。後來地球進入冰河期，北極海附近完全凍結，使海中的掠食性魚類完全滅絕。冰河期結束後，三棘魚再度進入該地區的淡水湖棲息。此時三棘魚卻急速演化成為沒有棘刺的樣子。簡單來說，雖然掠食性魚類無法進入淡水湖，大型掠食性昆蟲卻可以。這些昆蟲可以藉由抓住棘刺來補食三棘魚，故三棘魚便演化成為沒有棘刺的樣子，以對抗昆蟲的補食。

這個演化過程發生在短短的數千年內。說不定三棘魚的基因其實沒什麼改變，只是在表觀遺傳系統上產生變化（與DNA突變不同），就使三棘魚大幅改變了表現型。或許三棘魚有著能順應環境變化，迅速改變表現型的能力。

話題回到三葉蟲。寒武紀末期，三葉蟲的物種數大幅減少，不過進入奧陶紀之後，種系整個煥然一新，使物種數大幅增加。然而到奧陶紀末期時，又有許多三葉蟲物種滅絕。雖然三葉蟲這個種系在奧陶紀時瀕臨滅絕，但後來又再度復甦，繁盛期從志留紀一直持續到泥盆紀。而在泥盆紀末，幾乎所有三葉蟲都滅絕了，僅剩砑頭蟲目這個種系殘存。這個殘存的種系一直存續到石炭紀、二疊紀，並在二疊紀末完全滅絕。雖然三葉蟲到最後還是滅絕了，但在泥盆紀末以前，種系曾經在縮小後又壯大，並反覆出現這樣的過程。

容易產生的突變與不容易產生的突變

某些物種能免於滅絕的命運而殘留下來，後來還爆發性地多樣化，其動力究竟源於何處？什麼樣的分子生物學或遺傳學證據可以說明這個機制？至今仍無人能回答這些問題。不過，我認為還是有些地方值得討論。我認為，在生理機制改變，產生新分類群的當下，物種產生有意義突變的能力會提高，在經過一段時間後，產生有意義突變的能力便會下降。許多人認為突變是隨機產生，我卻覺得突變可以分成容易產生的突變，以及不容易產生的突變。有些種系完全無法產生有意義的突變，這些種系無法產生增加牠們存續機會的突變，所以沒辦法演化成下一個物種。當基因體的可塑性消失、達成穩定，物種便難以繼續演化。一旦環境改變，便會因為無法適應環境而滅絕。

有些演化是因為DNA的改變使物種產生重大變化，有些演化則是源自於基因管理方式的改變，使物種出現過去不曾有過的變化。即使不改變DNA，只要改變DNA的作用方式，也會讓物種出現很大的變化。

單孔類的鴨嘴獸屬於哺乳類卻會產卵。哺乳類有PEG10這個基因，所以能產生胎盤。不過鴨嘴獸卻缺乏這個基因（另外，有袋類雖然也有胎盤，但很小）。

單孔類是早期的哺乳類，之後才陸續出現有袋類，以及有胎盤類。從單孔類分歧出有袋類時，便是用PEG10這個基因來生成胎盤。PEG10與在河魨上發現的Sushi-ichi基因為相同的反轉錄轉座子。反轉錄轉座子是一種「會移動的基因」，它會由DNA轉錄出RNA，然後再反轉錄回DNA，並插入基因體的其他位置。也就是說，河魨（魚類）的基因，可使哺乳類的祖先演化形成胎盤。

基因稍微有些改變，便有可能會影響到生物性狀與功能。舉例來說，鳥也具有和語言有關的基因FOXP2。鳥雖然不會說話，卻能夠靈活鳴叫，發出各種聲音。有人認為，若鳥的 FOXP2 產生突變，鳴叫的能力就會下降。

黑猩猩與人類的 FOXP2 在鹼基序列上只有兩個位置不同。但我們並不知道，這兩個鹼基位置的不同，是否會造成語言能力如此大的差異？還是說，語言能力的差異其實和這兩個鹼基位置無關？假設我們用人類的 FOXP2 換掉黑猩猩的 FOXP2 後，黑猩猩可能會開始說話，但也可能仍舊不會說話。我認為即使這麼做，黑猩猩應該還是不會說話。若真是如此，這表示黑猩猩與人類在語言能力上的差異，主要可能不是因為鹼基序列的差異，而是 FOXP2 作用方式的差異。

網目蟻的奇妙生態

螞蟻大多數為真社會性昆蟲，族群內存在無法生育的階層。雌性個體中只有蟻后可以繁殖，工蟻則無生育功能。不過也有例外。

不知道各位有沒有聽過大量存在於日本的網目蟻（堅硬雙針家蟻）？這是一種茶色的小型蟻。除了日本，亦廣泛分布於東南亞。

現在的網目蟻屬包含四十個物種。除了網目蟻之外的物種都有蟻后，只有網目蟻沒有蟻后。網目蟻的所有工蟻（染色體套數為2n的雌性個體。n代表一套染色體，2n則代表從雙親那裡分別繼承了一套共兩套染色體）都具有繁殖能力。族群中偶爾會出現比工蟻還要大的假蟻后。假蟻后的頭部有著工蟻所沒有的三個單眼，但假蟻后的角色和工蟻沒什麼差別。另外，族群中偶爾還會出現染色體套數為n的雄性個體，但這個雄性個體什麼事都不會做。網目蟻的工蟻雖為雌性，卻沒有交尾器，所以雄蟻沒辦法交配，無法行生殖功能。我們至今仍不知道為什麼族群內會有雄蟻。總之，這些雄蟻只會在雌蟻的周圍繞來繞去，最後死亡。

就算族群內沒有假蟻后與雄蟻，這個族群仍然能夠存續下去，既然如此，為什麼這些沒有用處的個體不會從這個物種中消失？如果是新達爾文主義信徒，可能會主張其中一定有什麼理由，使這個物種更能適應環境。但我認為，單純只是網目蟻厲害到就算有這些沒有用處的個體，也能存續下去而已。我認為「生物的所有性狀與生活方式，都是為了適應環境而產生」這樣的想法只是偏見。

人類也一樣。人類的耳道口有長毛，這些毛究竟有什麼作用？如果我的耳毛太長，妻子會說這樣太難看了，要我剃掉。也就是說，長了耳毛並不會有什麼用處，然而耳毛卻不會消失。

而網目蟻也有著可能會威脅種族延續的一種工蟻，那就是「不工作的工蟻」。牠的型態與一般工蟻無異，但就是不工作。

許多螞蟻的族群中亦存在著「不工作的工蟻」。當我們移除了「會工作的工蟻」，會有一部分「不工作的工蟻」轉變成「會工作的工蟻」。這表示，工蟻並非由遺傳決定是否能工作，而是在不同情況下會有不一樣的表現。

然而，網目蟻的「不工作的工蟻」卻是由遺傳決定的。研究網目蟻的日本京都大學助理教授土畑重人指出，「不工作的工蟻」的子孫，也會是「不工作的工蟻」。

不同蟻群間，「會工作的工蟻」的DNA各有不同；但不同蟻群間，「不工作的工蟻」的DNA卻都一樣。或許在網目蟻的進化過程中，出現了「不工作的工蟻」，且在持續地自我複製下，這種個體比「會工作的工蟻」還要能適應環境，於是個體數逐漸增加。「不工作的工蟻」消耗的能量比「會工作的工蟻」還要少，牠們卻將能量投入繁殖活動，故繁殖效率比「會工作的工蟻」還要好，能夠留下大量子孫。

「不工作的工蟻」不會照顧自己的後代，而是由「會工作的工蟻」代為照顧。牠們也不會自行覓食，而是靠「會工作的工蟻」餵養，就這樣白吃白喝地活下去。

蟻群內「不工作的工蟻」會逐漸增加，「會工作的工蟻」卻會過勞死。於是，「不工作的工蟻」在蟻群內的比例將越來越高。當有一半以上的工蟻是「不工作的工蟻」，整個蟻巢就會崩解。

狀況演變至此，「不工作的工蟻」也會面臨生存威脅。只有在這個時候，「不工作的工蟻」才會動起來，尋找其他網目蟻的巢穴。若牠們順利潛入其他蟻群，便會在新蟻群內持續增加，而新蟻群未來也將崩解。

網目蟻的生存策略

為什麼要特別介紹網目蟻的生態？因為在這個例子中，我們可以看到網目蟻族群常處於嚴峻狀況，隨時都有可能崩解。網目蟻的生態如此不可思議，為什麼卻不會滅絕？

可能會有人覺得，這種「不工作的工蟻」應該是最近才出現的突變，而網目蟻也因此逐漸步上滅絕的道路。但就土畑教授所言，自一萬年前以來，這兩種工蟻便共存於網目蟻族群內。

若所有網目蟻族群皆有「不工作的工蟻」侵入，網目蟻就會滅絕。為了不讓事情演變至此，只由「會工作的工蟻」組成族群的建立速度，必需比「不工作的工蟻」侵入族群的速度還要快。只要建立新族群的速度，比族群被入侵的速度還要快，網目蟻就不會滅絕。「會工作的工蟻」可能會持續性地離開族群，建立新的族群；而「不工作的工蟻」的入侵，可能會加速這個行為。

網目蟻中「不工作的工蟻」就像寄生在「會工作的工蟻」上一樣。雖然是相同的物種，兩者的關係卻像是寄生蟲與宿主。寄生蟲如果讓宿主滅絕，對自己也沒有好處。因此寄生蟲可能會藉由某些機制，使宿主不致死亡，而能和宿主共存。

傳染病的病毒也一樣。不論是流感還是愛滋病，一開始的感染能力與症狀都相當強，殺死了許多人類，後來卻慢慢轉為溫和，進而與人類共存。許多傳染病都與人類處於穩定的共存狀態，譬如感冒病毒。感冒病毒時常產生突變，以延續病毒的種系。相對的，天花病毒便不容易產生突變，使我們能用疫苗輕易消滅天花病毒。

由此看來，在基因變異上較保守的生物，比較容易滅絕。容易產生突變、混血，使基因具有一定可塑性的生物較能存續下去。

混血在延續種系上是一個很好的策略。因此，外來種遷入時，與本地種混血將有助於延續種系。

以日本獼猴為例，比起與同為日本獼猴的個體交配，與外來的臺灣獼猴交配、混血，會更有助於種系的延續。混血時，可能會獲得某些特別的基因，幫助種系延續。當環境改變，混血的個體會因為基因的可塑性較大，而能夠適應新環境。有些人會用「基因汙染」這個負面的詞來描述臺灣獼猴與日本獼猴混血一事，然而現代人其實就是「基因汙染」的結果。「基因汙染」使現代人能夠克服氣候寒冷化等困難，延續至今。做為「基因汙染」產物的人類，批評野生動物間的交配為「基因汙染」，並捕殺混血的獼猴，這不是很奇怪嗎？

第三章　因人類滅絕的生物，與人類欲保護的生物

旅鴿（上）與美洲野牛（下）

數量曾多達五十億隻的旅鴿在短短百年內滅絕

生物的滅絕有多種模式，近代有許多生物滅絕與人類有關。其中，旅鴿可以說是一個相當極端的例子。

旅鴿原本棲息於北美大陸東岸，是一種會遷徙的鴿，曾經是鳥類史上個體數最多的物種，卻在二十世紀初完全滅絕。美國史密森尼博物館存放著一隻旅鴿的標本，

並以喬治・華盛頓的夫人之名，稱為瑪莎。瑪莎是美國辛辛那提動物園所飼養的一隻雌性旅鴿，是旅鴿的最後一個個體，死於一九一四年，自此之後，旅鴿完全滅絕。

十八世紀時，北美曾棲息著約五十億隻旅鴿，可以說是世界上最為繁盛的鳥類。現在全世界的人類數有七十六億人，而光是北美大陸就曾聚集了五十億隻旅鴿，由此可見這個數字有多誇張。

旅鴿的飛行速度相當快，可達時速九十六公里。牠們會聚集在一起築巢繁殖。五大湖周邊有許多大型築巢地點，牠們在這裡孵育下一代。到了冬天，牠們會飛往墨西哥灣或佛羅里達，到了下一個繁殖期時再飛回北方，這就是旅鴿遷徙的過程。

大型的旅鴿營巢地可達八五〇平方英哩（二千二百平方公里），可容納一・三六億隻旅鴿棲息。牠們過著密集的群體生活，個體間的交流相當密切，使族群逐漸繁盛起來。

旅鴿的產卵數並不多。一般的鳥類一次可以生好幾個卵，旅鴿一次大都只生一個卵，頂多兩個。個體數之所以會那麼多，應該是因為缺乏天敵吧。一隻旅鴿一生中可以繁殖很多次，即使一年只能生育一隻後代，隨著繁殖的次數增加，就算有一定數量的個體死亡，整體旅鴿的數量仍會持續增加。

不過，旅鴿的習性相當固定，幾乎不大會改變。旅鴿一定會回到自己出生的巢。大型的旅鴿營巢地棲息著超過一億隻的旅鴿，而人類則會在牠們的營巢地張開捕鳥網，將歸巢的旅鴿一網打盡。人類還在旅鴿營巢地的周圍建造了罐頭工廠和羽絨被加工廠，將捕捉到的旅鴿立刻加工做成食品、羽毛製品，形成一條條生產線。旅鴿原本有數十億隻，就算大量捕捉，看起來也不會少多少。事實上，一開始捕捉旅鴿時，確實感覺不到旅鴿的數量有變少。

不過從某個時候開始，狀況突然出現了變化。一八五〇年左右，旅鴿開始有快速減少的跡象，到十九世紀末時，旅鴿幾近絕跡。原本有五十億隻的旅鴿，數量在短短一百年內急速縮減，到了一九〇八年時，全美只剩下七隻旅鴿。

最後就像前面提到的那樣，最後一隻由動物園飼養的旅鴿瑪莎，死於一九一四年，至此旅鴿完全滅絕。

綜上所述，旅鴿或許是人類屠殺下最大的犧牲品。

在旅鴿減少的過程中，人類曾試圖保護牠們，但曾被大規模捕殺的旅鴿，沒那麼容易恢復數量。前面提過，旅鴿有著群體遷徙、繁殖的特性，如果族群變小，就沒辦法繁殖。依照旅鴿的習性，只能生存在特殊的環境。如果牠們在生理、行為上有更大的彈性，說不定就能夠延續牠們物種的壽命而不會滅絕。

即使個體數量很多，如果牠們都密集聚集在同一個區域，當環境遽變，便很有可能會快速滅絕。反過來說，散居各地的生物反而比較不容易滅絕。

遭白人大量屠殺的美洲野牛

旅鴿是生物因人類而滅絕的最大例子。同樣在美洲，美洲野牛也有著相似的命運。雖然美洲野牛現在並沒有滅絕，但牠們確實曾因為人類的捕獵而幾近滅絕。

北美原住民自古以來就會狩獵美洲野牛供食用，由於狩獵量不多，不致造成美洲野牛的生存危機。甚至可以說，美洲原住民與美洲野牛之間存在著穩定的共存關係。直到白人開始以獵槍狩獵美洲野牛，才使牠們的數量急遽減少。

十九世紀初，美洲全境有七千五百萬頭美洲野牛。和旅鴿的五十億相比，似乎不是個很大的數字。不過美洲野牛的體重達五百公斤，較重的個體甚至可達一公噸。換句話說，這種體重是人類十倍的動物，在北美洲有七千五百萬頭。在相同的生物質量（biomass）下，相當於有七億五千萬人居住在北美洲，是目前美國人口（約三億）的兩倍以上。

這些美洲野牛從十九世紀中葉起，就為了食用與製造皮革用而被大量獵殺。據說美洲野牛的牛舌十分美味，所以甚至有人獵殺後只取走牛舌。

自從橫貫大陸鐵路開始營運後，美國人甚至開始在列車上以槍射殺動物，把狩獵當成娛樂活動。人們會吆喝著：「我殺了幾百頭美洲野牛囉」，炫耀自己的槍法。許多美洲野牛就這樣被射殺，然後放置在原野中，任其腐敗。

紀錄中，在一八六八年到一八七四年間，每年至少有二百萬頭，最多有七百萬頭的美洲野牛遭射殺。就算一開始有七千五百萬頭美洲野牛，如果每年殺七百萬頭，很快就會被殺光。

事實上，在一八八九年，美洲野牛的數量曾減少到只剩二百頭～一千頭。於是美國政府在一八九四年時設立了黃石國家公園美國野牛保護區。

為什麼美國政府在這之前都不曾想過要保護美洲野牛？原因很多，不過其中一項重要原因，就是為了讓美洲原住民屈服。美洲原住民沒有農耕習慣，以游獵為生，美洲野牛為原住民的主要食物來源。美國政府積極狩獵美洲野牛，就是為了斷絕他們的食物來源。於是，本來持續抵抗白人統治的美洲原住民便無法狩獵，陷入糧食不足的困境，不得不向美國政府投降。在美洲原住民屈服之後，美國政府才開始實施美洲野牛的保護政策。

黃石國家公園是世界上第一個國家公園，目的是要由政府來主導「自然保育」。然而在這之前，美國卻為了要讓美洲原住民屈服、為了娛樂而鼓勵大量屠殺美洲野牛，實在相當殘酷。

美洲原住民狩獵美洲野牛後，不只會做為食用，還會將毛皮製成衣服，將骨頭製成箭簇。這和過去獵捕鯨魚的日本人相同。以前日本人不只會吃鯨魚肉，還會將鯨魚的骨頭製成刀劍或工藝用品，將鯨鬚製成吳服尺（裁剪和服時使用的尺）等。

過去歐美人捕鯨的主要目的是為了鯨油。除了一部分的國家、地區，大部分歐美人在捕鯨時都會捨棄鯨魚肉。石油供給充足後，石油製品便取代了鯨油，使捕鯨的目的完全消失。

保護鯨魚是目前多數國家的主流意見，因為他們並沒有獵捕鯨魚的需要。由於獵捕鯨魚對多數國家無利也無害，故他們能輕易贊同保護鯨魚（禁止捕鯨）的意見。日本與挪威等會充分利用鯨魚的國家，至今仍主張要允許獵捕鯨魚，但這樣的聲音卻被其他國家以「自然保育」的名義阻止。

一邊說著「自然保育」「動物保育」，另一邊卻持續屠殺著野牛。這毫無疑問是雙重標準。

現存美洲野牛約有三萬頭，且被嚴密保護著，但現在的美洲已相當缺乏適合美洲野牛生存的棲地。恐怕三萬頭已經到了目前環境承載力（carrying capacity）所能承受的數量。

決定環境承載力的因素包括食物、氣候、棲息地的狀態等。然而，就算這些因素提供了很大的環境承載力，在大多數情形下，物種數量還會被天敵、疾病等因素抑制，使實際上的環境承載力降低。

話說回來，目前的人類沒有天敵，又不容易生病死亡，故實際上的環境承載力幾乎已達到最大。現在生存於地球上的七十六億人，應該是相當接近環境承載力的數字。有人預測，二一〇〇年時，地球人口會達到一一二億人。如果真的增加到一一二億人，就必須增加食物產量，否則會出現更多餓死的人。

在生物學上，當環境承載力增加，人口必定也會跟著增加。隨著食物增加、人口增加、勞動力增加，全球資本主義亦蔓延到了整個世界。然而現在的世界正面臨著許多問題。未來，糧食不足與資源不足勢必會成為問題，這讓許多人開始不想生孩子，要生也只生一個。於是人口會減半，每人分配到的資源量則會加倍。如果真的這麼做，每個人應該都能享受到更好的生活。但人口減少，便無法推動全球資本主義。因此，在現代社會中，不太可能讓人口朝著減少的方向發展。

以日本來說，政府常以「勞動力不足」為由，招募外國人來日本工作。但實際上的問題並非勞動力不足，而是廉價勞動力不足。日本國內仍有許多高價勞動力，若有人願意付時薪五千日圓的薪資，一定請得到願意工作的年輕人。這些年輕人不會為了時薪數百日圓而工作，但一些外籍勞工卻願意做時薪數百日圓的工作，甚至很樂意接受這樣的工作。所以這只是日本僱主的雙重標準而已。

來自中國的朱鷺是外來種嗎？

回到野生動物滅絕的話題。朱鷺是一種日本相當知名的已滅絕野生動物。

自古以來，日本人就相當熟悉朱鷺這種動物。朱鷺的身體全長約為七十公分，展翅時可達一百三十公分。過去曾棲習於日本各地、朝鮮半島、臺灣、中國等東亞國家、俄羅斯遠東地區等，分布範圍相當廣。不過，從十九世紀到二十世紀期間，各個國家的朱鷺數量皆急遽減少，中國以外地區的朱鷺皆不幸滅絕。在日本的東北地方與北陸地區，朱鷺原本是相當常見的鳥。但在二〇〇三年，最後一隻日本朱鷺死亡後，現在棲息於日本的朱鷺皆為來自中國個體的後代。

過去朱鷺甚至多到被拿來食用。江戶時代的文獻寫道，朱鷺肉的味道還不錯，但有股腥味，所以不是什麼受歡迎的食物。若用來煮湯，湯表面會浮一層紅色油脂，看起來有點噁心，只有在陰暗的地方吃才吃得下去……所以也稱為「暗夜湯」。

因此，朱鷺不大可能是因為被人類食用而滅絕的。自明治時代以來，許多人為了獲取朱鷺羽毛而捕獵，再加上農藥的影響、山坡地水田的減少，都可能造成朱鷺滅絕，但沒有人能確定牠真正滅絕的原因。

後來朱鷺的個體數急遽減少，成為非常稀有的鳥類，一九三四年還被指定為日本的天然紀念物。當時朱鷺仍棲息於佐渡島全島，但個體數只剩下一百隻左右。前面提到，「農藥的影響」可能是朱鷺滅絕的原因，因為朱鷺會吃田裡的泥鰍、田螺、青蛙等小動物，而這些動物體內有農藥殘留，使朱鷺在生物累積的作用下中毒死亡。然而日本是從一九五〇年代起才開始廣泛使用農藥，在這之前，朱鷺就已接近滅絕，所以農藥恐怕不是朱鷺滅絕的主要原因。

最後一隻日本朱鷺（名字為Kin，來自當時研究人員宇治「金」太郎）死於二〇〇三年十月。

Kin為雌性，原本是野生朱鷺，一九六八年時為了保育朱鷺而被捕捉。本來相關單位打算讓Kin與同被捕捉的雄性朱鷺繁殖後代，但並不怎麼順利，而且捕捉到的雄性朱鷺後來全都死亡了。相關單位曾嘗試以雄性中國朱鷺與Kin交配繁殖，但也沒有成功。在Kin死亡後，日本朱鷺就此滅絕。

野生日本朱鷺滅絕之後，日本的朱鷺人工繁殖工作都是使用中國朱鷺。一九九九年，中國將一對朱鷺讓渡給日本，這兩隻朱鷺被送至佐渡的朱鷺保護中心飼養，並進行人工繁殖。後來，朱鷺保護中心便一直使用讓渡而來的中國朱鷺，以及租借的中國朱鷺進行人工繁殖。到了今天，朱鷺的人工飼養已有了一定的規模。

野放工作從十年前左右開始進行，在五年內一共野放了一百多隻朱鷺。然而其中一半左右都沒有成功野化，而是死於野外。

其中也有些個體離開了佐渡島，飛至本州，甚至飛到新潟縣以外的北陸各縣與東北地方各縣。二〇一二年時有報告指出，有野放個體已成功在野外繁殖，但卻不知道個體數實際上到底增加了多少，說不定數量其實是減少的。

人工繁殖所使用的中國朱鷺與日本朱鷺在基因上幾乎沒有什麼差異，於是環境省便說出「中國朱鷺並非外來種」的話。這麼說也沒什麼錯。那麼我們在第二章結尾提到的日本獼猴與外來種臺灣獼猴又如何？兩者的基因差異非常小，卻有人無視這點，說兩者的雜交是「基因汙染」，應該要「驅除」這些基因，將日本獼猴與臺灣獼猴雜交後的個體全部殺光。但另一方面，日本朱鷺滅絕後，卻拿中國朱鷺來繁殖，再說「那不是外來種」，這毫無疑問是雙重標準*。

為什麼不能近親交配？

朱鷺在一九五二年時被日本政府指定為特別天然紀念物，那時只剩下二十四隻個體。到了這個地步，保護這個物種的難度已變得相當高，滅絕可以說只是時間的問題。當個體數低到一定程度以下，要防止物種滅絕幾乎不可能。

可繁殖後代之族群的整體基因，稱作基因庫，但如果個體數很少，基因庫自然也會非常少。這麼小的基因庫內，雖然仍可以交配，卻會成為近親交配。即使個體數增加，也常無法順利復育物種。

*審訂註：當一個物種在A地的族群完全滅絕，若要從B地再引入於遺傳上最接近的族群進行復育，並不構成「外來種」的要件。

在日本朱鷺的基因庫還很大的時候，引進中國朱鷺雜交，應可增加遺傳多樣性。然而，如果個體數在一定程度以下，便無力回天。

當鳥與哺乳類的個體數少到一定程度，物種便很難避免走向滅絕的命運。

人類社會相當忌諱近親交配，稱為亂倫。先不管避免近親交配在社會學上的根據，至少在生物學上，近親交配會產生所謂的「近交衰退」。由於人類基因中存在著所謂的有害基因，當有害基因為顯性，可能會使個體在短時間內被自然淘汰掉，進而使該基因消失。因此，很少人會具有顯性的有害基因。當有害基因為隱性，必須為同型合子（同一染色體的同一位置有相同的遺傳基因型），才能使該基因表現出來。如果某個家族中存在這種隱性有害基因，在近親交配時，就有很大的機會出現同型合子，這就是所謂的近交衰退。

不僅是人類，哺乳類與鳥類也常有近交衰退的問題。當野生動物族群的個體數少到一定程度，就難以避免物種走向滅絕的命運，近交衰退就是一大原因。

不過，如果家族中不存在有害基因，就算近親交配生下後代，也不會出現近交衰退。

順帶一提，我們在第二章中曾提到，賽馬中，純種馬的父系血統全都可追溯到三隻雄性種馬。雖然還不到近親交配，但遺傳上的親緣仍可算是相當接近。牠們的後代都可以跑得很快，但一般認為，牠們都具有隱性的有害基因，故純種馬的壽命比一般馬還要短。

不只是哺乳類與鳥類，只要是有性生殖（除了自體受精之外）的生物，就會出現近交衰退的情況，譬如昆蟲。

昆蟲中，白紋夜蛾（*Xestia c-nigrum*）是一個很有名的例子。若在實驗室裡讓牠們近親交配，第一子代就會顯現出近交衰退的影響。隨著代數的增加，畸形個體的比例與幼蟲死亡率會逐漸增加。過了五代，連卵都沒辦法受精，進而使整個族群滅絕。

我在四十年前左右，曾飼養過一種叫做長谷川天牛（*Teratoclytus plavilstshikovi*）的天牛，並曾想要以近親交配的方式繼代培養。當時長谷川天牛相當稀有，一隻可以賣到七千日圓的價格，不過我並不是想靠這個賺錢。總之，我試著用近親交配的方式培養後代，但要不了幾代，個體便頻繁出現後腿內彎的畸形。

近年來，民間吹起了一波鍬形蟲養殖的熱潮。許多昆蟲愛好者都曾嘗試過近親交配，想培養出又大又漂亮的品系，但後來幾乎都因為近交衰退而失敗。彩虹鍬形蟲（*Phalacrognathus muelleri*）、巴布亞金色鍬形蟲（*Lamprima adolphinae*）在經過數代的近親交配後，甚至會出現繁殖率降低而絕後的結果。一般認為，整個族群的共同祖先體內，隱性有害基因的質與量，決定了族群會不會出現近交衰退。

我過去以近親交配培養的長谷川天牛個體中，或許就含有「有害基因」。

那麼，為什麼這些「有害基因」不會消失？一般來說，有害基因應該都會被淘汰。既然這些基因會一直存續至今，或許表示這些基因有「好的一面」。有些「有害基因」因為有好的一面，而仍可保留在族群內。

舉例來說，鐮刀型紅血球疾病是一種遺傳性疾病。患者的紅血球外型如鐮刀狀，運送氧氣的能力相當低，會引發貧血。患者的血紅素基因序列與一般人不同，使紅血球無法順利運送氧氣，進而導致貧血。具有這種基因，且為同型合子的個體，會有嚴重貧血症狀；異型合子的個體則可以正常生活，不會產生出現嚴重貧血情況。不過，這種基因可以提高對瘧疾的耐性。事實上，瘧疾嚴重的區域內，具有這種基因，且為異型合子的個體會有較高的生存機率。日本幾乎沒有人具有鐮刀型紅血球基因，但在瘧疾嚴重的非洲，卻有很多人具有這個基因。或許是因為這個基因能提高對瘧疾的抗性，所以這個基因才會存續下來吧。

日本北里大學東洋醫學總合研究所、
漢方鍼灸治療中心
藥劑師 緒方千秋、坂田幸治 ／著
簡毓棻 ／譯

漢方講究氣血水平衡及四診八綱，
但氣血水平衡的意思是？
四診八綱又是指什麼？
漢方藥其實有副作用！？

氣血・五行・四診・八綱
一本書讀懂漢方・生藥原理
與基礎運用方法

生物復育可讓自然生態系恢復原貌嗎？

要說日本還有哪些絕種的野生動物，在朱鷺之前，最著名的應該就是狼了。一九〇五年於奈良縣捕獲的一頭雄狼，被認為是最後一頭野生的日本狼。

由於人們曾用中國的朱鷺進行人工繁殖，所以有人提議可以將目前仍棲息於中國的狼引進日本。

東京農工大學名譽教授丸山直樹主張，野放這些狼之後，生態系便能藉著自我調整，恢復原來的樣子並維持下去。日本目前有多種狼的獵物，包括鹿、野豬、猴子等。隨著日本狼的滅絕，這些動物的數量越來越多，對生態系與農林業造成了很大的影響。特別是日本鹿會大量啃食植物，對森林生態系造成了很大的傷害。因此有許多人提議要藉由復育狼，使自然生態系重新取得平衡。

事實上，美國黃石國立公園的狼絕種後，便曾引進加拿大的狼，想要藉此使生態系回復平衡，最後增加了生物多樣性，是一個很成功的例子。不過，由於很多人擔心「這些狼會襲擊人類」，因此狼在日本的復育工作，以及重新將狼引進至生態系的工作，在日本仍難以實現。

狼已成功重新進入歐洲各地的生態系，棲息區域逐漸擴大。這些狼雖會捕獵人類放牧的綿羊與山羊，造成財產上的損失，卻不會襲擊人類。亦有實證研究指出，只有在某些特殊情況下，狼才會襲擊人類，譬如得到狂犬病的狼。但日本卻遲遲無法接受引進狼。

江戶時代（一六〇三～一八六七年），日本仍棲息著相當多的狼。如前所述，「最後一頭」日本狼於一九〇五年時捕獲，是一隻雄性狼。自那時起過了一百多年，都未曾再捕獲過狼。雖然一九〇五年之後，仍有零星傳聞說有人曾捕到日本狼，但都沒有確切證據，僅止於傳聞。

除了日本狼之外，日本還曾有過蝦夷狼，但蝦夷狼同樣在明治時代（一八六八～一九一二年）就已滅絕。當時人們開拓北海道，造成蝦夷鹿逐漸減少，於是蝦夷狼便開始襲擊人類放牧的馬群。因此開拓使開出高價懸賞，以求徹底捕殺蝦夷狼，造成其滅絕。

順帶一提，澳洲的塔斯馬尼亞島上原本棲息著袋狼，又稱為塔斯馬尼亞狼，屬於有袋類動物。歐洲人殖民時，陸續有人帶著羊之類的家畜進入澳洲，而袋狼襲擊這些家畜的頻率逐漸增加，於是殖民者便開始捕殺這些袋狼。就像日本捕殺蝦夷狼一樣，殖民者開出了高額懸賞金，在一八八八年起的十年內，捕殺了二千頭以上的袋狼，最後使袋狼於一九三〇年代滅絕。要說袋狼的滅絕與蝦夷狼的滅絕有什麼相似之處，那就是人類都視牠們為「害獸」，將其趕盡殺絕。

本州的日本狼多棲息於森林，幾乎不會像蝦夷狼那樣襲擊放牧的家畜，故應不會在這個理由下被視為捕殺對象。不過，西洋犬在明治以後進入日本，同時帶來了犬瘟，有人認為日本狼就是因為犬瘟而死了大半。而在此前的江戶時代中葉，日本狼之間曾流行過狂犬病，或許這就是日本狼大量被捕殺的原因。

日本的狼與大陸的狼（灰狼）在基因上相差不大，分類上也只將兩者分為不同亞種。如果中國的朱鷺不被視為「外來種」，自大陸引進日本的狼也不應被視為「外來種」。

但即使日本環境省認定大陸的朱鷺「不是外來種」，而同意引進中國朱鷺，也很難許可引進來自大陸的狼，並在日本野放。就算這些狼襲擊人類的可能性很低，「萬一」發生這種事，要由誰來承擔責任？如果家畜被襲擊，要由誰來補償？這些都是問題。因為沒有人願意承擔這樣的責任，就算再怎麼主張引進狼的缺點很少，優點（控制日本鹿的數量）很多，仍很難在日本實現「引進狼野放」這件事。

特有種與廣布種

隨著日本朱鷺的滅絕，寄生在朱鷺上的朱鷺羽毛蟎（*Compressalges nipponiae*）也跟著滅絕了。有人認為，從中國引進的朱鷺上也有相同的蟎（或者是近緣種），不過現在環境省公布的紅色名錄中，仍將其列為數據缺乏（DD）（關於瀕危物種紅色名錄中的物種，將在下一章詳細說明）。

生物根據分布環境大小可以分為兩類，分別是經過特化，僅能適應某種環境的「特有種」，以及可以棲息在各種環境下的「廣布種」。特有種生物在適宜環境擴大或宿主生物增加時，會繁殖出較多個體。相反的，適宜環境縮小或宿主減少時，個體數就會減少。

朱鷺羽毛蟎就是特有種的典型例子。牠們只能適應特殊環境，只要這種特殊環境仍存在，就能維持其個體數。相反的，一旦這種特殊環境消失，牠們就會滅絕。對於可以生存在各種環境下的生物來說，就算一個棲地不再適合棲息，也能夠遷移至其他區域繼續生存。就算牠們的個體數不多，也不容易滅絕。

從前我在野外採集到的日本大鍬形蟲（*Dorcus hopei binodulosus*）身上常會有蟎寄生。有一天，一位蟎的研究者來拜訪我，想要看一下我採集到的大鍬形蟲。不過他想看的並不是大鍬形蟲，而是大鍬形蟲身上的蟎，稱作大鍬形蟲蟎，近年來比較少見。可能是因為目前日本的大鍬形蟲多屬於人工飼養，而人工飼養的衛生條件下不容易孳生蟎。寄生在大鍬形蟲上的蟎屬於特有種，如果野生宿主消失，這個物種也無法存續。

以食物的選擇來說，只吃單一種類食物的生物屬於特有種，「雜食」生物則屬於廣布種，這應該不難理解。如果有一特有種蝴蝶，只吃某種植物的葉子，這種植物消失時，以此為食的蝴蝶也會跟著消失。因此只能寄生在朱鷺身體上的蝨，命運也和朱鷺綁定在一起。朱鷺滅絕時，牠們自然也會跟著消失。

目前草原性蝴蝶正在逐漸減少。這表示，當草原逐漸減少，只能適應草原生活的特有種蝴蝶也會逐漸消失。深山絹粉蝶（*Aporia hippie*）是長野縣與群馬縣的天然紀念物，大量分布於日本中部山岳的高原地區，這和牧場的分布有很大的關係。深山絹粉蝶以日本小檗的葉子為食，而日本小檗樹上長有許多棘刺。馬和牛等動物討厭這些棘刺，不會去吃日本小檗，所以牧場會在周圍栽種日本小檗，圈出飼養區域。就是這些日本小檗讓以此為食的深山絹粉蝶能存續下去。不過，現在牧場逐漸減少，沒什麼用處的日本小檗便陸續遭砍伐，使深山絹粉蝶族群也跟著減少。

由於深山絹粉蝶減少，許多昆蟲愛好者想在牠們滅絕之前採集來做標本，於是紛紛前往深山絹粉蝶的棲息地大量採集。但這讓許多不知道來龍去脈的人以為，是因為這些昆蟲愛好者大肆捕捉，深山絹粉蝶才會滅絕，昆蟲愛好者實在有夠無恥。然而人們卻不知道，環境改變才是深山絹粉蝶滅絕的主要原因。

藉由養殖來增加瀕臨滅絕物種的個體數目犯法嗎？

另外，草原的減少也造成多種蝴蝶的個體數大量減少。譬如大網蛺蝶（*Melitaea scotosia*）與網蛺蝶（*Melitaea protomedia*）原本棲息於中國地方的部分區域，已瀕臨滅絕。依照日本物種保存法的規定，這些物種被指定為日本國內稀少野生動植物種，禁止轉讓與買賣。

從前我曾經採集過這兩種蝴蝶，並保留了許多標本。有些標本存放在冷凍庫，其中有解凍後展開翅膀的標本，但無論是哪種，都不能賣給別人或轉讓給別人。這兩種蝴蝶的滅絕恐怕只是時間的問題，在牠們滅絕之後，轉讓禁令便能解除。但確認一個物種的滅絕需要花上很長的時間，若是這些標本的持有者死亡，遺族又不想繼續保存這些標本，在無法轉讓的情況下，這些標本就跟垃圾差不多，只會被丟棄，使標本數急遽減少。因此，物種保存法可以說是促進貴重標本丟棄法。

原本禁止轉讓與買賣的目的，是防止物種滅絕。如果動物能以高價買賣，就會有盜獵者大肆捕獵。這麼聽起來，只要禁止轉讓與買賣，就能夠減少盜獵者了吧……。但這個法律對於保護物種棲地環境卻一點幫助都沒有。如果棲地被破壞，蝴蝶絕種，根本不會有人去盜獵。雖然政府禁止捕捉數量稀少的野生動物，卻沒有禁止會造成野生動物數量遽減的棲地破壞。這樣看來，想要藉由禁止轉讓與買賣來保護物種，就像緣木求魚一樣，只是很片面的政策。

可能有人會想，如果想保護瀕臨滅絕的物種，用養殖的方式來增加個體數量不就好了嗎？就像朱鷺一樣。而且，不同於朱鷺，被列為日本國內稀少野生動植物的山原氏長臂金龜（*Cheirotonus jambar*，發現於一九八三年，棲息在沖繩本島北部，是日本最大的甲蟲），對於昆蟲愛好者來說就是一種相對容易飼養的物種。曾有一個朋友和我宣稱：「只要給我三對山原氏長臂金龜，三年後，我就能還你五百隻」。既然這在現實中不是不可能實現，那麼只要將瀕臨滅絕的物種都抓來飼育、繁殖，不就能增加個體數了嗎？但其實，養殖這種稀少且珍貴的昆蟲會「犯法」。

沖繩圓翅鍬型蟲（*Neolucanus okinawanus*）是另一種棲息在沖繩本島的大型甲蟲，數年前被指定為日本國內稀少野生動植物，禁止採集與轉讓。在被指定為稀少野生種之前，有一位朋友曾飼育過沖繩圓翅鍬型蟲。本來就有在飼養這種蟲的人，繼續飼養並不會違反法律。由於朋友很會繁殖沖繩圓翅鍬型蟲，於是牠們的數量一直增加。但數量再多也沒辦法賣給別人，最後只好處分掉多出來的個體。朋友所有的個體是自己繁殖的，不是從野外採集來的。既然如此，拿來買賣或者轉讓給其他人應該沒什麼關係，但法律卻禁止他這麼做。由此可見，禁止轉讓和保護物種，目的可說是背道而馳。

族群眾多或瀕臨滅絕的兩極化現象

布密蛺蝶日本亞種是網蛺蝶的近緣物種。布密蛺蝶日本亞種尚未被列為日本國內稀少野生動植物，但在環境省的紅色名錄中，將其列為「瀕危（EN）」。

在我年輕時，長野縣與山梨縣的高原上有許多布密蛺蝶日本亞種，譬如在蓼科附近的草原，便可看到不少立羽蝶科物種，其中以布密蛺蝶日本亞種的數量最多。因為實在太多，根本不太想採集。

以前帶一支網子去一趟，至少可以採到十隻以上的樣本。但是在某一年，數量突然大減。那時覺得雖然數量少了很多，但明年應該會恢復吧。然而過了三年，數量卻完全沒有恢復。

布密蛺蝶日本亞種要不是大量棲息於某個地區，就是完全從某個地區消失。或許大量個體群聚棲息，是牠們生存的必要條件之一吧。

我們有時會在某些地區發現某類生物大量棲息，看起來完全不像是會滅絕的樣子。但在個體數稍微降低時，整個族群就會突然大幅縮小，甚至消失。我認為有不少物種都有著這種特性。大鍬形蟲的個體數雖然稱不上多，但只要保護好牠們的棲息環境，便能將牠們的數量維持在一定程度。相較之下，布密蛺蝶日本亞種要不是大量存在，就是幾乎消失，可說是個相當極端的物種。

蟾福蛺蝶（*Fabriciana nerippe*）是一種豹紋蝶。這個物種過去曾不連續地分布於青森到鹿兒島，幾乎遍布全日本，在某些地區是相當常見的物種。一九五〇年代時，連東京的世田谷與井之頭也看得到許多這種蝴蝶。但現在蟾福蛺蝶已幾乎滅絕，日本國內只有在山口縣和九州的某些山區草原看得到。現在的蟾福蛺蝶常棲息於經過人為干預（譬如燒田、放牧等），處於半自然狀態的大草原，並相當依賴這樣的環境。然而其他草原上也有許多草可做為牠們的食物，所以我們至今仍不知道為什麼蟾福蛺蝶的族群會在戰後遽減。或許蟾福蛺蝶做為物種的壽命到了盡頭。據說鹿兒島與宮崎縣境的自衛隊演習地點有大量蟾福蛺蝶棲息，但牠們說不定很快就會被列為禁止轉讓的對象。

欣灰蝶（*Shijimiaeoides divinus*）這種蝴蝶喜歡棲息在野火燒過後生成的早春草原，譬如九州阿蘇火山性草原就可以看到牠們的蹤跡。野火可以抑制芒草的生長，使欣灰蝶賴以為生的苦參能茂盛起來。到了初夏，便可在阿蘇的棲息地看到許多欣灰蝶翩翩飛舞。苦參對家畜來說有毒，故放牧地區的苦參不會被吃掉，成為了適合欣灰蝶棲息的環境。這也表示，欣灰蝶的生存部分依賴人類的活動。我們前面提過，阿蘇火山在九萬年前曾發生過破火山口噴發，那次噴發應該盡數破壞了欣灰蝶棲地。而那時日本列島上還沒有人類居住，那麼欣灰蝶又是棲息於何處？

豹紋蝶等草原蝶類的整體數量大幅減少，相較之下，森林蝶類卻沒有減少那麼多。譬如棲息在深山與里山（有人居住的淺山、郊山地帶）的大紫蛺蝶（*Sasakia charonda*）至今仍棲息於日本各地。

說到里山的蝴蝶，近年來紅斑脈蛺蝶（*Hestina assimilis*）這個外來種的數量正逐漸增加中。紅斑脈蛺蝶被指定為特定外來生物，可以採集，但不能野放到其他地區。也就是說，若採集到，就必須殺掉。而我也遵照環境省的指示，將採集到的紅斑脈蛺蝶都殺了做成標本。紅斑脈蛺蝶是一種很美的蝴蝶，春型是全白的模樣，夏型則會有紅色星點斑紋。

紅斑脈蛺蝶以朴樹為食。包括其近緣種的胡麻斑蛺蝶（*Hestina persimilis japonica*）、大紫蛺蝶、喙蝶（*Libythea celtis*）、緋蛺蝶（*Nymphalis xanthomelas*）等皆以朴樹為食，故有人說紅斑脈蛺蝶會危害到這些物種的生態地位。不過，目前紅斑脈蛺蝶還沒有造成哪個物種大量減少，可以說是穩定地與各種生物共存。

環境省為了阻止紅斑脈蛺蝶的分布擴散，規定不得飼養紅斑脈蛺蝶，也不能在採集後野放。但紅斑脈蛺蝶當然不會遵守法律，而是會自由飛到任何想去的地方，於是牠們的分布區域逐漸擴大，個體數也陸續增加。

十多年後，紅斑脈蛺蝶應該就會擴散至本州所有地區。目前已不可能撲滅牠們，只能接受牠們存在於日本的事實。因為牠們是外來種而積極捕殺，只是浪費金錢與勞力而已

農藥也會造成草原性蝴蝶的減少。現在許多草原與高爾夫球場鄰接。高爾夫球場噴灑除草劑時，便會造成相鄰草原的蝴蝶滅絕。有些人說高爾夫球場的綠色看起來很舒服，聽起來實在有些諷刺。

透紋孔弄蝶（*Zinaida pellucida*）曾與稻弄蝶（*Parnara guttata*）並列為最常見的弄蝶，但在這數十年來，已幾乎很難看到牠們的蹤跡。稻弄蝶的主食為稻，除此之外也會吃芒草或竹草，是相當普遍的食草物種。透紋孔弄蝶的食性與稻弄蝶相似，也是吃稻、芒草、竹草等植物，最近卻成為了極為少見的物種，我們卻不知道為什麼會這樣。除此之外，銀條小弄蝶（*Leptalina unicolor*）、花弄蝶（*Pyrgus maculates*）等草原蝶的數量也遽減了許多。

數量減少與增加的昆蟲

事實上，有些昆蟲的數量正在逐漸增加。二〇一八年七月時，我去了山梨縣笛吹市一趟，採集到許多毛腳寬短翅天牛〔*Merionoeda* (*Macromolorchus*) *hirsuta*〕。我在一九七九年時採集到的個體，是在山梨縣第一個採集到的紀錄。之後各地陸續出現採集紀錄，從約十年前起，其數量越來越多，現在已被視為普通種。有些人認為是因為地球暖化，使原本只棲息在南方的天牛逐漸往北遷移，數量也跟著增加，但沒有人清楚實情為何。

外表十分美麗的瑠璃星天牛（*Rosalia batesi*）過去只棲息於標高一千五百公尺以上的山岳地帶。但不知為何，現在在低地也看得到牠們的蹤影。我念國高中時，高尾山還不曾出現過瑠璃星天牛，但現在在高尾山周圍的低地——我家庭院也偶爾看得到牠們，有時牠們也會出現在田邊小路上。有一些昆蟲就像這樣，族群逐漸壯大。這些原本分布在高山上的昆蟲開始出現在平地上，或許與地球暖化有關。

說到天牛，黑澤姬小羽天牛（*Epania septemtrionalis*）過去曾是相當稀有的物種，不過近年來在許多地方，譬如神奈川縣相模原市附近也可以採集得到。但我們仍不知道為什麼從前採集不到這些昆蟲。

順帶一提，黑澤姬小羽天牛的學名為 *Epania septemtrionalis* Hayashi, 1950。不過，林（Hayashi）先生／女士為牠命名時，可能出了什麼差錯。林先生／女士最初登記的名字是 *Epania septemtrionale*。我想本來應該是想將種小名取為 *septentrionale*，*septentrionale* 意思是「在北方的」。*Epania* 是來自南方的屬，但他在北方的福島縣採集到這種天牛，故可能會想取稱為 *septentrionale*。然而在登記名字時，他卻將「n」寫成了「m」。*septem* 是「7」的意思，用這個字來當做這個物種的名稱顯然有些奇怪。另外，拉丁語的 *Epania* 是女性名詞，為與之呼應，種小名需以-*nalis* 做為後綴。原本-*nale* 為中性名詞的後綴，若要加在女性名詞的後面，需改為 *septentrionalis*。登記學名時，如果有文法上的明顯錯誤，會自動修正。但如果是「n」變成了「m」這種意義上的錯誤，就沒辦法修正了。現在的圖鑑上寫的種小名都是 *septemtrionalis*，是與原本的意義不同的名字。

銀杏的學名也是一個很有名的錯誤。銀杏的學名為 *Ginkgo biloba*，銀杏的漢字音讀為「ginkyo」，所以屬名應該要稱為「*Ginkyo*」。林奈卻不知道是哪裡弄錯了，

用 *Ginkgo* 這個很難念的字當做銀杏的屬名，一直沿用至今。

無論如何，稱為 *septemtrionalis* 的黑澤姬小羽天牛過去確實相當少見，現在則變得相對常見。另一方面，四星天牛（*Stenygrium quadrunotatum*）曾經到處都是，現在則完全看不到，我們也不知道為什麼會這樣。雖然牠曾經是很普遍的物種，現在卻成了紅色名錄中的瀕危物種。

如果一個物種已經適應了環境，那麼當環境出現了少許改變，該物種可能就會消失。有時我們可以知道物種消失的原因，有時卻幾乎看不出原因。我們大概知道為什麼旅鴿會滅絕，但卻完全不明白為什麼四星天牛會瀕臨絕種。昆蟲個體數的增減究竟取決於那些原因？與其他物種的競爭、自然環境的變動、農藥等人為影響、物種的壽命等等，都可能是原因。但很多時候，我們並沒辦法準確判斷出是哪個原因造成物種滅絕。而且，雖然我們常把焦點放在數量減少的昆蟲上，但並不是所有的昆蟲數量都在減少，某些昆蟲的數量仍在增加。

第四章　「瀕危物種」的狀況

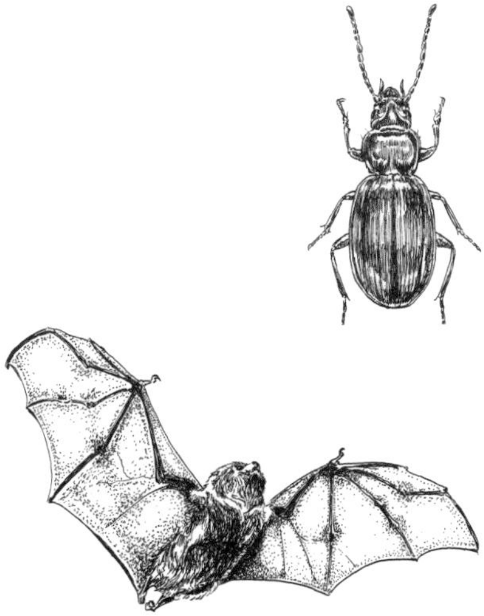

朝鮮盲步行蟲（*Coreoblemus*）（上）與小笠原狐蝠（*Pteropus pselaphon*）（下）

什麼是「紅色名錄」與「紅皮書」？

在「紅皮書」中，記錄了各種有滅絕危機之野生生物的保全狀況、分布、生態、影響其生存的因素等資訊。一九六六年時，第一本紅皮書在ＩＵＣＮ（國際自然保護聯盟）的領導下編纂而成。之後，世界各國製作出了許多類似的名錄。日本的環境省亦將有瀕臨絕種危機之生物的各種資訊整理成「紅色名錄」，也就是「紅皮書」。

例如，哺乳類的紅色名錄列在下面一〇四～一〇五頁。最上方的項目名稱「EX」為Extinct的縮寫，這些是已經「滅絕」的物種。

下方的「EW」為Extinct in the Wild的首字母縮寫，這些是「野生滅絕」物種。

再往下是「CR」，這是Critically Endangered的縮寫，是接近滅絕的物種。這裡的「CR」在日本稱作「絕滅危懼IA類」（在臺灣則稱作「極危」）。

接著是Endangered，簡稱為「EN」（在日本稱作「絕滅危懼IB類」，在臺灣則稱作「瀕危」）。然後是Vulnerable，簡稱為「VU」（在日本稱作「絕滅危懼II類」，在臺灣則稱作「易危」）。

「NT」為Near Threatened的首字母縮寫。Threatened是靠近危險水域的意思，在日本稱作「準絕滅危懼」（在臺灣則稱作「近危」）。

再往下的「DD」為Data Deficient，也就是「數據缺乏」的意思。這些物種可能有滅絕的危險性，但因為資料不足，所以沒辦法判斷屬於哪一級，只能另外列出。

「LP」為Local Population的首字母，表示某個物種雖然沒有滅絕的危險性，不過此物種在某些區域很可能會消失。

蝙蝠是哺乳類中最容易滅絕的生物

日本紅色名錄【哺乳類】（第一〇四～一〇五頁）中，可以看到「滅絕（EX）」的地方列舉了蝦夷狼與日本狼。我們在第三章就已經談過狼的滅絕。除了狼，這裡也列出數種蝙蝠的名字。

不論是在「EX」（已滅絕物種）、「CR」（極危物種）、「EN」（瀕危物種），還是「VU」（易危物種）的欄位，都可以看到有列出蝙蝠。隨著人類的開墾，原始林中的大棵樹木陸續被砍伐，可以說是蝙蝠滅絕的最大原因。

如果是島嶼，蝙蝠可以棲息的地區就更小，更容易滅絕。日本已滅絕的三種蝙蝠（沖繩狐蝠（*Pteropus loochoensis*）、宮古小菊頭蝙蝠（*Rhinolophus pumilus miyakonis*）、小笠原油蝙蝠（*Pipistrellus sturdeei*））皆為棲息於島上的蝙蝠。

沖繩狐蝠屬於所謂的果蝠，其近緣物種折居狐蝠（*Pteropus dasymallus inopinatus*，後述）原本都是很普遍的物種，卻只有沖繩狐蝠滅絕，實在有些難以想像。

除了狐蝠，大部分的蝙蝠都棲息在原始林的大樹樹洞中。因此，如果有洞的樹

佐渡野兔
對馬貂
蝦夷黑貂
本土白鼬
蝦夷白鼬
日本伶鼬（本州亞種）
朝鮮鼬
港海豹
北海獅

●數據缺乏（DD）5 種

大油蝙蝠
口羽天狗蝙蝠
姬雛蝙蝠
墨色尾曳蝙蝠
蝦夷縞栗鼠

●有滅絕疑慮的區域族群（LP）23 族群

九州地方的川鼠
波照間島的神樂蝙蝠
與那國島的神樂蝙蝠
四國的秩父蝙蝠
本州的秩父蝙蝠
紀伊半島的信濃喨髭蝙蝠
中國地方的信濃喨髭蝙蝠
近畿地方以西的兔蝙蝠
北奧羽、北上山地的本土日本獼猴
金華山的本土日本獼猴
九州地方的日本松鼠
中國地方的日本松鼠
石狩西部的蝦夷棕熊
天塩、增毛地方的蝦夷棕熊
西中國地區的亞洲黑熊
下北半島的亞洲黑熊
紀伊半島的亞洲黑熊
四國山地的亞洲黑熊
東中國地區的亞洲黑熊
馬毛島的梅花鹿
德之島的琉球豬
九州地方的日本髭羚
四國地方的日本髭羚

日本【哺乳類】紅色名錄 2019

●滅絕（EX）7 種

沖繩狐蝠
宮古小菊頭蝙蝠
小笠原油蝙蝠
蝦夷狼
日本狼
日本水獺（本洲以南亞種）
日本水獺（北海道亞種）

●野生滅絕（EW）0 種

●極危（CR）12 種

尖閣鼴鼠
大東狐蝠
永良部狐蝠
緋鼠耳蝠
山原頰髭蝙蝠
黑線姬鼠
沖繩刺鼠
對馬山貓
西表山貓
海獺
日本海獅
儒艮

●瀕危（EN）12 種

折居地鼠
越後鼴鼠
小笠原狐蝠
折居小菊頭蝙蝠
沖繩小菊頭蝙蝠
琉球天狗蝙蝠
小山蝙蝠
琉球指長蝙蝠
毛長鼠
奄美刺鼠
德之島刺鼠
奄美野黑兔

●易危（VU）9 種

東京尖鼠
八重山小菊頭蝙蝠
首輪蝙蝠
烏蘇里喨髭蝙蝠
本土暖簾蝙蝠
黑喨髭蝙蝠
山蝙蝠
森油蝙蝠
尾曳蝙蝠

●近危（NT）18 種

小地鼠
渡瀨地鼠
安曇尖鼠
四國尖鼠
角髮鼴鼠
佐渡鼴鼠
御山尨毛鼠
利尻尨毛鼠
蝦夷鳴兔

木消失，蝙蝠就沒有空間可以生存了。人造林的樹木大部分都沒有樹洞。

原始林被砍伐，對於那些棲息於都市內，有著特殊生態區位的蝙蝠來說，影響可能沒那麼大。但即使是像東京這樣的都市，近年來也越來越少看到蝙蝠。大阪雖然還有很多蝙蝠，但毫無疑問的也在減少。

被列為極危的大東狐蝠、永良部狐蝠，被列為瀕危的小笠原狐蝠都不是穴居性蝙蝠，而是以水果為食的的果蝠。對於果農來說，這些狐蝠可以說是害蟲的存在。

譬如小笠原狐蝠，就因為小笠原果農們的積極消滅，使牠們的數量遽減。因為牠們會吊掛在樹上睡覺，相對容易捕捉、撲殺。

另外，果蝠的肉質意外地很鮮美，可做食用。若前往密克羅尼西亞、玻里尼西亞、美拉尼西亞等島嶼，可以看到有不少店家提供狐蝠肉。狐蝠肉在帛琉的餐廳更是招牌菜。

另外，沖繩也有不少蝙蝠，譬如島上就棲息了大量琉球狐蝠。我曾於二〇一〇～二〇一一年時居住在沖繩名護市，那時住家周圍就有許多狐蝠飛來飛去。不過據當地人所言，蝙蝠的數量已經比過去減少了許多。

我在學生時代，曾為了採集昆蟲，在西表島和石垣島待了三個月左右。那時確實有很多狐蝠飛來飛去。不過最近拜訪這幾個島的時候，狐蝠的數量明顯比之前少了許多，看來狐蝠確實有逐漸減少的跡象。

另外，紅色名錄中出現好幾個喨髭蝙蝠這種穴居型蝙蝠。蝙蝠的種類相當多，卻也是哺乳類中最容易滅絕的一群。如果沒有好好保護牠們，很快就會逐漸消失。

人類會想要保護老虎與獅子等又大又顯眼的野生動物，相對卻不會想要積極保護蝙蝠之類的生物。或許許多蝙蝠就在沒有人注意到的情況下，悄悄消失了。

離島鳥類容易滅絕

日本紅色名錄【鳥類】（第一一〇～一一一頁）中，已滅絕的鳥類（含亞種）包括鳳頭麻鴨、琉球黑林鴿、小笠原黑林鴿、棕夜鷺、白眉秧雞、大東鵟、宮古翡翠、白腹黑啄木鳥、島隼、大東赤腹山雀、聟島小笠原繡眼（小笠原繡眼的指名亞種）、大東鷦鷯、小笠原畫眉、薄赤鬚歌鴝、小笠原猿子雀等。除了鳳頭麻鴨，這些都是棲息在離島的鳥類。

琉球黑林鴿是日本沖繩的特有種鳥類。一般認為牠們已在一九三〇年代時滅絕。至今我們仍不確定滅絕的原因為何，可能是因為人類的捕食，也可能是棲息地森林遭破壞。白腹黑啄木鳥是大型啄木鳥，曾棲息在日本對馬島，但在天然林逐漸減少的情況下，大概在一百年前左右就滅絕了。

大東鶯、大東赤腹山雀、大東鷦鷯等鳥類如其名所示，都是日本大東（北大東島與南大東島）的特有亞種，但皆已滅絕。像北大東島、南大東島這種很小的島嶼，在人類遷入、改變環境之後沒過多久，特有種鳥類就會滅絕。小笠原的各個島嶼也是如此。

對於鳥類來說，就算生態系不夠健全，只要能棲息的地方不只一個，就能夠移動到其他地方繼續繁衍。但小離島上的棲息地相當小，如果這個棲息地環境改變，生存於此的鳥類物種便會迅速滅絕。這就是為什麼棲息於離島這種面積很小的生態系的鳥類，滅絕的機率特別高。

島上特有鳥類是在人類遷入以前，經過長年累月的環境適應後，演化而成的特有種（特有亞種）。一旦人類遷入，便會在很短時間內改變環境。如果生態系面積很大，改變的環境只有一小部分，還不致造成嚴重影響。但如果是很小的島嶼，生態系可能會快速瓦解。

舉例來說，宮古島是個平坦的島，島上沒有什麼起伏。若人類遷入宮古島，那麼土地有很大一部分就會開墾為田地與住家。雖然可能還是會留下一些森林，但對整體生態系的破壞相當大。過去曾生存於宮古島的各種鳥類幾乎都已滅絕。宮古翡翠為宮古島的特有種，牠們甚至在琉球黑林鴿之前就滅絕了。

現在的日本小笠原群島上棲息著大量的母島小笠原繡眼（小笠原繡眼的亞種，下一章會再詳細說明這個故事）。然而除了母島小笠原繡眼，過去曾棲息在小笠原群島上的各種鳥類多已滅絕，其中包括了原本棲息在父島群島上的小笠原繡眼（智島小笠原繡眼）。就連有著很大鳥喙的小笠原猿子雀（特有種）也滅絕。小笠原的特有種——小笠原黑林鴿是體型很大的鴿類，卻在一百多年以前就已消失。只剩下聖彼得堡、法蘭克福、倫敦各地博物館的動物標本，日本一個也沒有。

說到小笠原群島上的物種，小笠原畫眉是個已滅絕的特有種。不過東京近郊現在卻棲息著許多外來種的畫眉鳥。畫眉鳥的鳴叫聲相當好聽，牠們會模仿其他鳥的叫聲，甚至會模仿蟬鳴，還會像老鼠一樣跳來跳去，是相當可愛的鳥，卻因為是「外來種」而被環境省「敵視」。棕夜鷺是棲息於小笠原群島的特有亞種，是這個物種

黑叉尾海燕
麻鷺
黑冠麻鷺
丹頂鶴
白頭鶴
真名鶴
東方環頸鴴
高蹺鴴
斑尾鷸
翻鷸
奄美山鷸
鶴鷸
鷹斑鷸
赤足鷸
彩鷸
燕鴴
黑嘴鷗
小燕鷗
鳳頭燕鷗
紅燕鷗
蒼燕鷗
黑海鴿
冠海雀
灰面鵟
白尾海鵰
虎頭海鵰
大東角鴞
琉球領角鴞
奧斯頓大赤啄木鳥
黑啄木鳥
游隼
灰山椒鳥
飯島柳鶯
種子歌鴝
赤鬍歌鴝
大虎鶇
紅頸葦鵐
●近危（NT）21 種
腰白銅長尾雉
赤銅長尾雉
白額雁
大豆雁
黑林鴿
煙黑叉尾海燕
褐翅叉尾海燕
唐白鷺
中白鷺
黃小鷺
緋秧雞
夜鷹
黑腹濱鷸
大地鷸
魚鷹
蒼鷹
北雀鷹
蜂鷹
折居赤腹山雀
矛斑蝗鶯
野鵐
●數據缺乏（DD）17 種
蝦夷雷鳥
鴛鴦
鴻雁
青頭潛鴨
赤麻鴨
白腹穴鳥
白琵鷺
黑頭白□
灰鶴
跳鴴
千島鷸
半蹼鷸
斑海雀
大東短翅樹鶯
大柳鶯
琉球黃眉黃鶲
小虎鶇
●有滅絕疑慮的區域族群（LP）2 族群
東北地方以北的良鴨繁殖族群
青森縣的冠鸊鷉繁殖族群

日本【鳥類】紅色名錄 2019

●滅絕（EX）15 種
鳳頭麻鴨
琉球黑林鴿
小笠原黑林鴿
棕夜鷺
白眉秧雞
大東鵟
宮古翡翠
白腹黑啄木鳥
島隼
大東赤腹山雀
小笠原繡眼
大東鷦鷯
小笠原畫眉
薄赤鬚歌鴝
小笠原猿子雀
●野生滅絕（EW）0 種
●極危（CR）24 種
白雁
四十雀雁
赤頭黑林鴿
小笠原姬水薙鳥
黑腰白海燕
東方白鸛
紅面鸕鶿
秋小鷺
朱鷺
山原水雞
琵嘴鷸
諾氏鷸
花魁鳥
海雀
海鴉
大冠鷲
金目鴞
鵰鴞
島梟
三趾啄木鳥
野口啄木鳥
虎紋伯勞
小笠原金翅雀
島青鵐
●瀕危（EN）31 種
雷鳥
小白額雁
紅尾熱帶鳥
金鳩
與那國黑林鴿
灰斑鳩
黑背信天翁
背黑水薙鳥
紅腳鰹鳥
海鸕鶿
大麻鷺
黑面琵鷺
縞水雞
灰腳秧雞
小杓鷸
琉球雀鷹
金鵰
小笠原鵟
澤鵟
熊鷹
佛法僧
八色鳥
紅尾伯勞
波江赤腹山雀
奧斯頓赤腹山雀
母島小笠原繡眼
內山島蝗鶯
斑背大尾鶯
茂助鷦鷯
本島歌鴝
赤鶫
●易危（VU）43 種
日本鵪鶉
巴鴨
豆雁
黑雁
翹鼻麻鴨
短尾信天翁

分布區域的最北端，但一般認為牠們已在十九世紀末時滅絕。島隼為北硫磺島的特有亞種，但已有五十年以上沒被觀察到，在二〇一八年時被認定為滅絕物種。白眉秧雞是中硫磺島的特有亞種，但在一百年前左右就已滅絕。

小而脆弱的島嶼生態系

日本紅色名錄【爬行類】（見次頁）中，被列為極危（CR）的物種包括斑擬蜥、伊平屋擬蜥、久米擬蜥、宮古草蜥、喜久里澤蛇，皆為沖繩離島的爬行類；伊平屋擬蜥如其名所示，是伊平屋島的特有種；喜久里澤蛇為久米島的特有種；久米擬蜥是久米島的特有亞種；宮古草蜥是一種漂亮的綠色草蜥，為宮古島的特有種；斑擬蜥為棲息在沖繩伊江島語渡嘉敷島等地特有亞種。

瀕危（EN）的宮古腹鏈蛇如名所示，是宮古島的特有種；與那國王錦蛇是與那國島的特有亞種；帶擬蜥為奄美大島及德之島的特有亞種；宮古鐵線蛇為宮古島與伊良部島的特有種。

日本環境省將瀕危程度略低於上述物種的生物列為「易危」（VU）。如前所

日本【爬行類】紅色名錄 2019

●滅絕（EX）0 種

●野生滅絕（EW）0 種

●極危（CR）5 種

斑擬蜥
伊平屋擬蜥
久米擬蜥
宮古草蜥
喜久里澤蛇

●瀕危（EN）9 種

赤蠵龜
玳瑁
慶良間擬蜥
帶擬蜥
尖閣蜥蜴
宮古鐵線蛇
王錦蛇
與那國王錦蛇
宮古腹鏈蛇

●易危（VU）23 種

綠蠵龜
八重山食蛇龜
琉球山龜
八重山石龜
琉球瞼虎
屋久守宮
田代守宮
南鳥島守宮
與那國攀蜥
沖繩攀蜥
宮古蜥蜴
巴伯氏石龍子
岸上石龍子
沖繩石龍子
先島草蜥
胎生蜥蜴
宮良鐵線蛇
先島黑眉曙蛇
八重山高千穗蛇
飯島海蛇
廣尾海蛇
永良部海蛇
岩崎環紋赤蛇

●近危（NT）17 種

日本石龜
寶守宮
沖繩守宮
多和守宮
先島攀蜥
小笠原蜥蜴
大島石龍子
石垣石龍子
黑龍江草蜥
先島青蛇
紅斑蛇
先島梅花蛇
岩崎背高蛇
奄美高千穗蛇
布氏麗紋蛇
日本麗紋蛇
吐噶喇龜殼花

●數據缺乏（DD）4 種

日本鱉
對馬滑蜥蜴
男女腹鏈蛇
口之島蜥蜴

●有滅絕疑慮的區域族群（LP）5 族群

大東群島的小笠原守宮
三島的綠黑姬蜥蜴
三宅島、八丈島、青之島的岡田石龍子
沖永良部島、德之島的青草蜥
宮古群島的先島紅斑蛇

述，VU為Vulnerable的縮寫，有著「易滅絕之物種」的意思。這個類別中的八重山食蛇龜與琉球山龜皆屬於陸龜。

八重山食蛇龜為石垣島與西表島的特有亞種，目前在西表島上仍棲息著許多個體，但牠們的活動相當遲緩，走到馬路上時常遭路殺。烏龜殼看似很硬，但被車輾過時馬上會被輾平。

琉球山龜為沖繩特有種，主要棲息於沖繩北部的山原地帶，此外亦可見於久米島、渡嘉敷島等。

說點題外話，在八重山食蛇龜與琉球山龜還未被劃為天然紀念物時，我有一個朋友到野外捕捉了這兩種烏龜養在家裡。這些烏龜後來在家裡下了蛋，數量越來越多，整個庭院裡都是烏龜，甚至還把一些烏龜送給朋友。過了十多年，朋友亡故後，朋友的妻子便將烏龜送還了回來。我要說的是，烏龜的壽命很長，可能會比飼主活得還要久。如果沒考慮到這些就飼養烏龜，事情可能會變得不大好收拾。

琉球瞼虎為沖繩本島旁，古宇利島、瀨底島的特有亞種。攀蜥類則廣泛分布於沖繩群島與奄美群島，屬於這些地方的特有種。宮古蜥蜴如名所示，是棲息在宮古島的蜥蜴。這種蜥蜴廣泛分布於整個東南亞，宮古島是分布範圍的最北端。巴伯氏石龍子為沖繩與奄美的特有種蜥蜴。

包括許多未提到的物種在內，許多離島的爬行類都被列在紅色名錄上，與鳥類相似。可見離島的生態系既小又脆弱，只要稍有變化，生物就會滅絕，或是瀕臨滅絕。

泉水減少造成兩生類滅絕

日本紅色名錄【兩生類】（見次頁）中，被列為極危、瀕危、易危的物種皆為日本特有種。極危物種包括阿部山椒魚與其他三種山椒魚。阿部山椒魚只生存在京都、兵庫、福井的局部地區，是非常稀有的山椒魚。其他三種山椒魚皆為近年來的新種，棲息地很小，瀕臨滅絕。

被劃危瀕危的白馬山椒魚與北陸山椒魚和極危物種一樣，棲息地相當小，亦處於瀕臨滅絕的狀態。

石川赤蛙分布於沖繩與奄美大島，是有著美麗青綠色外表的青蛙。最近日本學者們將沖繩與奄美的石川赤蛙分為不同的物種。雖然名字裡有沖繩，但沖繩的人或許也很少看過牠們。如果晚上前往溪流地帶，或許有機會看到牠們，不過我住在沖

日本【兩生類】紅色名錄 2019

●滅絕（EX）0 種
●野生滅絕（EW）0 種
●極危（CR）4 種
阿部山椒魚
三河山椒魚
天草山椒魚
筑波箱根山椒魚
●瀕危（EN）13 種
白馬山椒魚
赤石山椒魚
北陸山椒魚
霍爾斯特赤蛙
奧頓赤蛙
沖繩石川赤蛙
奄美石川赤蛙
小型鼻先赤蛙
名古屋達摩蛙
波江蛙
大隅山椒魚
祖母山椒魚
佐渡赤蛙
●易危（VU）12 種
大台原山椒魚
大分山椒魚
鱉甲山椒魚
東京山椒魚
大山椒魚
琉球疣螈
八重山腹斑蛙
奄美鼻先蛙
鼻先蛙
霞山椒魚
四國箱根山椒魚
●近危（NT）22 種
石鎚山椒魚
飛驒山椒魚
東北山椒魚
斑山椒魚
黑山椒魚
小型斑山椒魚
對馬山椒魚
北山椒魚
劍尾蠑螈
紅腹蠑螈
宮古蟾蜍
大鼻先赤蛙
黑斑蛙
東京達摩蛙
奄美赤蛙
隱岐田子蛙
屋久島田子蛙
對馬赤蛙
朝鮮山赤蛙
琉球赤蛙
只見箱根山椒魚
磐梯箱根山椒魚
●數據缺乏（DD）1 種
蝦夷山椒魚
●有滅絕疑慮的區域族群（LP）0 族群

繩的時候，倒是從來沒看過石川赤蛙。波江蛙為沖繩的青蛙。奧頓赤蛙為奄美的青蛙。霍爾斯特赤蛙為沖繩島北部與渡嘉敷島的青蛙。

我曾親眼看過分布於奄美和沖繩，被劃為易危的琉球疣螈。牠也被劃為天然紀念物，如其名所示，是一種身上長滿疣的蠑螈。

隱岐山椒魚只分布在隱岐群島的島後島。鼻先蛙只分布在沖繩。奄美鼻先蛙是鼻先蛙的亞種，棲息於奄美大島。

從紅色名錄中可以看出，瀕臨絕種的兩生類也多是棲息在島上，生態系很小的特有種。

前面曾提到，山椒魚的棲息地相當狹小。此外，山椒魚還偏好棲息在泉水湧出的地方，因為山椒魚會在湧泉處產卵。然而現在由湧泉形成的池塘已越來越少。

東京山椒魚被劃為易危物種，牠們棲息在以東京都多摩地方為主的關東地方全域。但隨著環境的開發，湧泉陸續減少，使東京山椒魚也面臨了滅絕的命運。

隨著東京首都圈中央聯絡自動車道的通車，許多湧泉也陸續乾涸。不只是東京山椒魚，那些依賴湧泉生存的魚類——例如斑北鰍，也跟著消失。

因為「再發現」而從「滅絕」名單中剔除的國鱒

日本紅色名錄【魚類】（第一一九～一二〇頁）中，國鱒曾被認為只棲息在秋田縣田澤湖。故在田澤湖的國鱒滅絕以後，便將其劃至紅色名錄的「滅絕（EX）」中。不過後來，學者們又在其他湖（本栖湖、西湖等）發現了許多從田澤湖人為遷移過來的國鱒，故現在將其列為「野生滅絕（EW）」。

另外，雖然有人說國鱒是姬鱒的亞種，但其實牠們是不同物種。牠們吃起來的味道完全不同。姬鱒很美味，但國鱒很難吃。當然，說牠們物種不同，並不是因為吃起來的味道不一樣。國鱒和姬鱒的產卵模式並不相同，繁殖時期也不一樣。

過去人們認為只生存在田澤湖的國鱒已滅絕。然而二〇一〇年時，東京海洋大學客座副教授——宮澤正之（外號：魚君）為了繪製姬鱒的插畫而來到西湖，卻在那裡看到了有著國鱒特徵的個體。後來由京都大學的解剖與基因分析結果證明，這些來自西湖的個體確實是國鱒。這就是國鱒「再發現」的過程。雖然國鱒不在「滅絕（EX）」的名單上，不過「滅絕（EX）」的其他物種——諏訪長頜鬚鮈與南

日本【河口・淡水魚類】紅色名錄 2019

●滅絕（EX）3 種
中吻鱘
諏訪長頜鬚鮈
南方多刺魚
●野生滅絕（EW）1 種
國鱒
●極危（CR）71 種
玫唇蛇鱔
尾鱔
縱帶鱊
長鰭鱊
南山陰巨口鱊
九州巨口鱊
細鱗鱊
中華細鯽
鯽屬的一種（琉球群島）
暗色頜鬚鮈
石川魚
牛麥穗魚
北方麥穗魚
山陽暗色鰟鮍
日本鰟鮍
琵琶湖鰁
關東田中鰟鮍
山陽小型條紋鰍
淀小型條紋鰍
博多小型條紋鰍
丹後小型條紋鰍
短薄鰍
琉球香魚
有明姬銀魚
有明銀魚
紅鮭
黃鱔屬的一種（琉球群島）
小頭刺魚
多刺魚屬雄物型
武藏多刺魚
扁吻腹囊海龍
菲律賓腹囊海龍
雷氏腹囊海龍
川鯔
髭真裸皮鮋
無鬚真裸皮鮋
扁頭天竺鯛
戈氏笛鯛
細鱗&
射水魚
銀身中鋸鯻
格紋中鋸鯻
清水中鋸鯻
陳氏雙線鳚
猛肩鰓鳚
似肩鰓鳚
溪鱧
八重山鋸塘鱧
川深鰕虎
三筋鰕虎
姬項冠鰕虎
淺色項冠鰕虎
裏打磯塘鱧
金黃舌鰕虎
雙鬚舌鰕虎
疣舌裸頭鰕虎
越野鰕虎
北陸栗色裸頭鰕虎
韌鰕虎
白竿鰕虎
島溝鰕虎
青腹葦登鰕虎
青彈塗魚
環帶瓢眼鰕虎
糙體瓢眼鰕虎
翡翠瓢鰭鰕虎
菲律賓枝牙鰕虎
明仁枝牙鰕虎
斷帶舌塘鱧
帶狀舌塘鱧
蓋斑鬥魚
●瀕危（EN）54 種
日本鰻
日本海鯲
刀鱭
棒花魚
黑腹鱊
山陰巨口鱊
琵琶湖巨口鱊
北野山陰巨口鱊
淀琵琶湖鮈
大眼鯽
日本白鯽
錦波魚

九州暗色鰟鮍
受口三齒雅羅魚
有明條紋鰍
大型條紋鰍
琵琶湖條紋鰍
山陰小型條紋鰍
東海小型條紋鰍
大淀琵琶湖鰍
雛高鰍
遠賀條紋鰍
高鰍
短體北鰍
斑北鰍
流水斑北鰍
東海流水斑北鰍
石川氏朝鮮鱠
遠東哲羅魚
前鰭多環海龍
異唇粒唇鯔
日本尖吻鱸
川目少鱗鱖
大鱗鰭
長棘湯鯉
鈍頭杜父魚小卵型
鈍頭杜父魚中卵型
松江鱸
中華烏塘鱧
為朝塘鱧
乞食為朝塘鱧
似鯉黃黝魚
大彈塗魚
項冠鰕虎
圓裸頭鰕虎
溝裸頭鰕虎
武藏野栗色裸頭鰕虎
小鯔鰕虎
小笠原葦登鰕虎
黃腹葦登鰕虎
寬帶裂身鰕虎
羅氏裂身鰕虎
鬚鰻鰕虎
橫斑舌塘鱧
●易危（VU）12 種
日本叉牙七鰓鰻
雷氏叉牙七鰓鰻北方種
雷氏叉牙七鰓鰻南方種
琵琶湖鮈
金鯽
馬口魚
琵琶湖銀鮈
日本銀鮈
松原鰍
土佐琵琶湖鰍
中型條紋鰍
後鰭花鰍
桔色擬鱨
越南擬鱨
紅鮇
斑頭紅點鮭
克氏紅點鮭
宮部紅點鮭
圖們江多刺魚
南青鱂
北野青鱂
灰鰭棘鯛
西刺杜父魚
石鈍甲沙塘鱧
頭孔塘鱧
矛尾刺鰕虎
島棲刺鰕虎
青斑細棘鰕虎
斑叉牙鰕虎
高體盲鰕虎
江戶鰕虎
塔氏裸頭鰕虎
頤突裸頭鰕虎
彼氏冰鰕虎
南姬竿鰕虎
貉鰕虎
藁素坊鰕虎
紅樹林矮鰕虎
萊氏矮鰕虎
擬沙鰕虎
小口擬鰕虎
兔頭瓢鰭鰕虎
等頜鰻鰕虎
沼澤舌塘鱧

另有 NT 35 種、DD 37 種、LP 15 族群，此處省略。

方多刺魚皆已確定滅絕。日本過去曾有中吻鱘，不過最近也被劃入「滅絕（EX）」名單。與兩生類類似，偏好棲息在湧泉附近的魚類，不是已滅絕，就是瀕臨滅絕。除了黑腹鱊等鱊類，多刺魚之類的棘背魚類都偏好棲息在湧泉區域。

多刺魚與小頭刺魚等棘背魚科的魚都會築巢。雄魚會在築完巢後吸引雌魚前來，將卵產在巢中，再撒上精子，使卵孵化，幼魚出生後由雄魚照顧。雌魚則是在產完卵，使其受精後就離開至別處了。由雄魚來照顧幼魚，用現在的話來說，就是「家庭主夫」吧。有些魚是這樣，但也有些魚會像孔雀魚那樣吃掉自己的小孩。孔雀魚是卵胎生，幼魚會從母體直接生產出來。但如果幼魚一直在雌魚附近亂轉，就會被雌魚吃下肚。魚並沒有倫理觀念，所以就算是自己的孩子也能毫不猶豫地吃下去。當然，魚並不會吃自己的孩子而滅絕，說不定有些魚正是因為沒有倫理觀念，才不至於滅絕。

沖繩本島的琉球香魚曾一度滅絕，後來人們將奄美大島上的個體拿去放流至沖繩，使其在沖繩「復活」。

順帶一提，有一種釣香魚的方法叫做「友釣」。但就實際狀況而言，應該叫做「敵釣」比較正確。

通常香魚看到其他香魚時，會視其為敵人並衝撞上去。所以釣客會先將一隻香魚固定在釣線上，做為誘餌投入水中，當有香魚衝撞誘餌魚，便會被誘餌魚旁邊的魚鉤鉤住而被釣起。可見這並不是什麼友釣，而是敵釣。

香魚長為成魚後，主食為苔蘚，不大會吃食餌，所以人們才會用敵釣法來釣香魚。或許這種釣魚法只有日本才有呢。

說到釣魚，就要提到列為瀕危的遠東哲羅魚。遠東哲羅魚棲息於北海道，是鮭魚的近親。釣到遠東哲羅魚是許多釣客們的夢想。不過遠東哲羅魚的體型非常大（最大的記錄為身長二．一公尺），有時甚至會把釣客拖進河川中。

看來許多釣魚專家都有著「釣到又大又少見的魚」的渴望。

受農藥影響而數量大減的魚與蟲

極危的魚類中，包括了細鱗鱊、日本鰟鮍、關東田中鰟鮍等鱊魚。鱊魚會在烏貝、溝貝、松毬貝等雙殼貝類上產卵。但隨著棲地逐漸被破壞，做為產卵床的雙殼貝類也逐漸減少。而破壞棲地的主因之一，就是農藥。

被列為瀕危的黑腹鱊大多生活在平地水田旁灌溉溝渠用的小河。在我小時候，常可在足立區老家周圍的溝渠中看到成群悠遊的黑腹鱊。但人們開始在水田大量使用農藥之後，這些農藥會經由灌溉溝渠流至小河，於是沒過多久，當地的黑腹鱊就消失了。

除了黑腹鱊的消失，生活在水田或其周圍的魚類與昆蟲幾乎都不能倖免。

現在有種耕作方式叫做「合鴨農法」，是在水田中放養鴨子。牠們會吃掉水中的雜草和蟲子，讓農家能在不使用農藥的情況下種植稻米。若用這種方法耕作，河流中的魚和蟲就不會滅絕了吧。

然而，不管是水田還是旱田，有實際種田經驗的人就知道，要在無農藥的情況下栽培作物並不是件容易的事。如果不使用一定程度的農藥，便沒辦法建立起一定規模的農業。

雖說如此，還是有些農藥對生態環境造成了很大的傷害。過去人們曾使用過不該使用的農藥，即使到了現在，仍有人在使用對生態系影響非常大的農藥。其中又以類尼古丁與芬普尼對生態環境的影響最為嚴重。

芬普尼是栽培水稻幼苗時，在育苗箱中施用的殺蟲劑，只要在插秧時再施用一次即可。對於貝類與昆蟲等生物而言，這樣已夠「毒」了。

研究蜻蜓的學者——石川縣立大學名譽教授上田哲行指出，施用芬普尼後，紅蜻蜓的數量減為二十年前的約一千分之一。近年來，不使用芬普尼的地方政府陸續增加，這些地方的蜻蜓數量逐漸回升。另外，芬普尼在歐盟是禁止使用的。

從前一陣子開始，就有人在說蜜蜂數量銳減的問題，而原因似乎就出在類尼古丁這種殺蟲劑。蜜蜂的腳會吸收類尼古丁，使神經系統受損，導致蜜蜂回不到自己的巢穴。若使用類尼古丁，可能會讓所有工蜂在一夜之間全都消失。

從很久以前開始，歐盟便全面禁止類尼古丁。然而數年前，日本居然還放寬了類尼古丁的農藥殘留標準。以菠菜為例，現在菠菜殘留的類尼古丁濃度容許度是過去的十多倍。

人類神經系統與昆蟲神經系統，雖然發生過程完全不同，但功能是一樣的。所以有人說，會嚴重傷害昆蟲神經系統的農藥，不可能完全不會影響到人類。環境腦神經科學資訊中心黑田洋一郎便曾發表過研究指出，暴露在類尼古丁下，可能會大幅增加ＡＤＨＤ等發展障礙疾病的風險。

有些種稻的農家會將自己吃的米和賣給別人的米分開種，自己吃的米就撒比較少的農藥，或是不使用農藥、改用有機栽培；賣給別人的米則使用大量農藥。我過去曾採訪過秋田縣大潟村的農家，那時問了他們很多問題。當我詢問：「不撒那麼多農藥不行嗎？」農家回答：「如果米上面有蟲蛀痕跡，就算痕跡再怎麼小，也會讓米的等級大幅降低，根本賣不出去啊！」

不只是米，就連小黃瓜等蔬菜也是如此。如果外形彎曲，或者被蟲咬過，就很難賣出去。所以農家都會使用很多農藥。

農作物稍微被蟲咬過，表示受到農藥的影響比較少，吃起來比較安全，卻比較難賣出去。因此不難看到有些農家會將這類比較「安全」的農作物留著自己吃，賣出去的則都是撒滿農藥的蔬菜。

每個洞窟的盲步行蟲都是不同物種

日本紅色名錄【昆蟲類】（第一二六～一二七頁）中，列為滅絕的物種包括門田盲步行蟲、小園盲步行蟲、筋龍蝨、黃根喰葉蟲。門田盲步行蟲棲息在高知縣的石灰岩洞窟，小園盲步行蟲棲息在大分縣的石灰岩洞窟，但兩者皆因為石灰岩的挖

鞘翅目　薩摩牙長水際芥蟲
鞘翅目　愛奴金步行蟲利尻島亞種
鞘翅目　河原虎甲蟲
鞘翅目　毛羽盲步行蟲
鞘翅目　小笠原青芥蟲
鞘翅目　路易斯虎甲蟲
鞘翅目　小笠原森扁芥蟲
鞘翅目　母島森扁芥蟲
鞘翅目　黃色細芥蟲
鞘翅目　擬小虎甲蟲
鞘翅目　渡良瀨擬虎甲蟲
鞘翅目　矮青芥蟲
鞘翅目　奄美筋青芥蟲
鞘翅目　黃緣圓頸芥蟲
鞘翅目　二紋圓頸芥蟲
鞘翅目　奄美長芥蟲
鞘翅目　受綴盲步行蟲
鞘翅目　薄毛盲步行蟲
鞘翅目　高森盲步行蟲
鞘翅目　北山盲步行蟲
鞘翅目　益三盲步行蟲
鞘翅目　阿武隈長步行蟲
鞘翅目　加太盲步行蟲
鞘翅目　中尾盲步行蟲
鞘翅目　摺上盲步行蟲
鞘翅目　神谷小頭水蟲
鞘翅目　黃星矮小粒龍蝨
鞘翅目　岐阜昔龍蝨
鞘翅目　鏡昔龍蝨
鞘翅目　土佐昔龍蝨
鞘翅目　夜叉龍蝨
鞘翅目　大一文字縞龍蝨
鞘翅目　北野粒龍蝨
鞘翅目　大盲龍蝨
鞘翅目　土佐盲龍蝨
鞘翅目　小豉蟲
鞘翅目　姬豉蟲
鞘翅目　細牙蟲
鞘翅目　背筋牙蟲
鞘翅目　小灰牙蟲
鞘翅目　大洲海隱翅蟲
鞘翅目　請島圓翅鍬形蟲
鞘翅目　山原手長黃金蟲
鞘翅目　綾筋溝泥蟲
鞘翅目　芳賀丸姬泥蟲
鞘翅目　赤艷泥蟲
鞘翅目　小黑北方鋸角螢
鞘翅目　西表螢
鞘翅目　小笠原紋花蚤
鞘翅目　小笠原金帶花蚤
鞘翅目　枚金帶花蚤母島亞種
鞘翅目　智島小笠原天牛
鞘翅目　智島虎天牛
鞘翅目　智島黃色虎天牛
鞘翅目　延夫溝脛天牛
鞘翅目　二紋飴色天牛母島列島亞種
鞘翅目　四星天牛
雙翅目　薩摩角繭蚋
雙翅目　姬准蕈蚊
雙翅目　磯眼蟲
雙翅目　與那霸肉蠅
鱗翅目　三筋小透翅蛾
鱗翅目　星茶翅弄蝶
鱗翅目　赤弄蝶
鱗翅目　小笠原弄蝶
鱗翅目　花弄蝶
鱗翅目　深山絹粉蝶
鱗翅目　褄黑黃蝶
鱗翅目　山黃蝶
鱗翅目　姬白蝶
鱗翅目　台灣燕小灰蝶日本本土亞種
鱗翅目　黑小灰蝶
鱗翅目　胡麻小灰蝶中國地方、九州亞種
鱗翅目　深山小灰蝶
鱗翅目　淺間小灰蝶本州亞種
鱗翅目　欣灰蝶九州亞種
鱗翅目　希維亞小灰蝶
鱗翅目　姬日陰蝶本州中部、近畿、中國地方亞種
鱗翅目　擬黑日陰蝶
鱗翅目　布密蛺蝶日本亞種
鱗翅目　茶星細翅波尺蛾
鱗翅目　一筋白波尺蛾本州亞種
鱗翅目　先島薄雲尺蛾
鱗翅目　外帶枝尺蛾
鱗翅目　姬角紋夜蛾
鱗翅目　緣黑姬夜蛾
鱗翅目　三斑蕊夜蛾
鱗翅目　小笠原鬚夜盜蛾
鱗翅目　阿穆爾黑夜蛾
鱗翅目　英彥山雲紋夜蛾
鱗翅目　美鈴湖夜蛾
鱗翅目　干紋冬夜蛾

另有 VU 186 種、NT 350 種、DD 153 種、LP 2 族群，此處省略。

日本【昆蟲類】紅色名錄 2019

●滅絕（EX）4 種
鞘翅目　門田盲步行蟲
鞘翅目　小園盲步行蟲
鞘翅目　筋龍蝨
鞘翅目　黃根喰葉蟲
●野生滅絕（EW）0 種
●極危（CR）71 種
蜻蛉目　赤目糸蜻蛉
蜻蛉目　小笠原青糸蜻蛉
蜻蛉目　小笠原蜻蛉
蜻蛉目　鼈甲蜻蛉
蜻蛉目　宮島蜻蛉
直翅目　赤翅蝗
直翅目　幻大蝗
直翅目　小笠原蝗
半翅目　石垣蟪蛄
半翅目　台灣負子蟲
半翅目　印田鱉蝽
半翅目　川村鍋蓋蟲
鞘翅目　三河步行蟲御濱町亞種
鞘翅目　青緣青芥蟲
鞘翅目　小笠原虎甲蟲
鞘翅目　大平田德利芥蟲
鞘翅目　橫濱長芥蟲
鞘翅目　小背筋龍蝨
鞘翅目　圓小型龍蝨
鞘翅目　鑲邊龍蝨
鞘翅目　尖形擬龍蝨
鞘翅目　斑條紋龍蝨
鞘翅目　斑龍蝨
鞘翅目　琉球姬豉蟲
鞘翅目　龍窟艷胸隱翅蟲
鞘翅目　與那國圓翅鍬形蟲
鞘翅目　久松犀金龜
鞘翅目　小笠原六星吉丁蟲母島亞種
鞘翅目　爪紅吉丁蟲智島亞種
鞘翅目　久米島螢
鞘翅目　金紋帶花蚤
鞘翅目　黑澤帶花蚤
鞘翅目　小笠原帶花蚤
鞘翅目　偽黃星花蚤
鞘翅目　楠井黃星花蚤
鞘翅目　房鬚琉璃天牛
鞘翅目　毛脛小笠原天牛
鞘翅目　荒毛小笠原天牛
鞘翅目　姬小笠原天牛
鞘翅目　佐藤小笠原天牛母島亞種
鞘翅目　鬚白荒毛天牛
鞘翅目　青菊吸天牛
鞘翅目　三色虎天牛
鞘翅目　青根喰葉蟲
鞘翅目　大東筋姬堅象蟲
鞘翅目　姬象蟲母島亞種
膜翅目　小笠原寄生蜂
膜翅目　小笠原青蜂
膜翅目　父島豆短翅泥蜂
雙翅目　八代羽斑蚊
雙翅目　與那國華氏蚋
鱗翅目　高嶺黃斑弄蝶赤石山脈亞種
鱗翅目　姬茶斑弄蝶
鱗翅目　台灣紋白蝶對馬、朝鮮亞種
鱗翅目　薄色尾長小灰蝶鹿兒島縣栗野岳亞種
鱗翅目　小笠原小灰蝶
鱗翅目　台灣燕小灰蝶指名亞種、琉球亞種
鱗翅目　柏赤小灰蝶冠高原亞種
鱗翅目　胡麻小灰蝶關東、中部亞種
鱗翅目　對馬裏星小灰蝶
鱗翅目　淺間小灰蝶
鱗翅目　碁石燕小灰蝶
鱗翅目　欣灰蝶本州亞種
鱗翅目　姬日陰蝶
鱗翅目　蟾福蛺蝶
鱗翅目　網蛺蝶
鱗翅目　大網蛺蝶
鱗翅目　高嶺日陰蝶八岳亞種
鱗翅目　卡巴西打木槿枝尺蛾
鱗翅目　御代田虎夜盜蛾
鱗翅目　熨斗目小夜蛾
●瀕危（EN）106 種
蜻蛉目　涸沼糸蜻蛉
蜻蛉目　大背條糸蜻蛉
蜻蛉目　大物差蜻蛉
蜻蛉目　小翅青糸蜻蛉
蜻蛉目　鼻高蜻蛉
蜻蛉目　鳶色蜻蜓
蜻蛉目　翅長蝶蜻蛉
蜻蛉目　蝦夷茜蜻蜓
蜻蛉目　斑浪速蜻蛉
蜻蛉目　大黃蜻蛉
蛩蠊目　石井蟲
半翅目　小判蟲
鞘翅目　伊卡利門虎甲蟲
鞘翅目　龍窟盲步行蟲

掘而消失。除了這兩種，紅色名錄中還有多種穴居性的盲步行蟲。筋龍蝨是廣泛分布於東南亞的一種龍蝨，但在日本國內卻因為棲息環境減少與農藥的使用而滅絕。

曾有人抗議「盲步行蟲」（日語名稱メクラチビゴミムシ原意為：又瞎又小的垃圾蟲）這個名字充滿了歧視性語言。為這些昆蟲取這個名字的是當時在日本國立科學博物館工作的上野俊一老師。不過，就算有人要求改名，上野老師仍不為所動。於是這個名字便留了下來，圖鑑上也是這個名字。上野老師主張，歧視的原因並不在於語言，所以就算改成其他字眼，歧視的狀況仍不會改變。我同意他的說法。

我以前曾在NHK的一個電視節目中，介紹「有刺無刺刺刺蟲」這種刺刺蟲*。節目中我提到「朝鮮盲步行蟲」的日文名字時，卻被導播說：「池田老師，這樣沒辦法播」，實在是太荒唐了。

再說，「有刺無刺刺刺蟲」和「朝鮮盲步行蟲」都是日本的和名。而和名是俗名的一種。只有學名是正式名稱，其他不管是和名還是英文名都是俗名。學者們固然會為物種賦予標準和名以便交流，但這仍不是正式名稱。

以前曾有人批評「跛腳魚」這個名稱有歧視之嫌，於是日本魚類學會將其標準和名改為「蛙鮟鱇」。如果是學名，就算用詞有歧視疑慮，也無法變更。而且學名是用拉丁文寫成，想必大部分的日本人也看不出用語有沒有歧視吧。

和名是自然語言。若有很多人知道一個詞的意思並頻繁使用，這個詞就會逐漸通用；如果不是這樣，便沒辦法通用，就只是這樣而已，沒有所謂正不正確。就算是標準和名，也無法稱其為「正確的和名」。

狗和貓也是如此。許多人都知道狗與貓是什麼，並分別稱其為「狗」與「貓」。不過，就算稱牠們為「汪汪」與「喵喵」，大部分人還是聽得懂。我們也不會特別去規定「汪汪」和「狗」哪個是正確的稱呼。

學術上，犬型亞目的正式名稱為Caniformia、犬型下目為Cynoidea、犬科為Canidae、犬屬為*Canis*，而犬（狼）則是*C. lupus*。不過，通常我們並不會用學名來稱呼狗。

就算學名中帶有歧視，或者其他不適當的字眼，仍會被視為「正確的名稱」，不會隨便改變。不過有時會因為學術上的理由而改變。

舉例來說，一般我們熟知的雷龍，是由美國古生物學家奧塞內爾．C．馬什（Othniel Charles Marsh）命名的大型草食恐龍。馬什曾發現過一個較小的骨骼化

---

*註：刺刺蟲的中文叫做鐵甲蟲。

石，稱為「迷惑龍」（*Apatosaurus*），後來又發現了較大的骨骼化石，稱為「雷龍」（*Brontosaurus*）。因為雷龍這個名字，使這個大型恐龍變得相當有名，幾乎每個人都聽過牠的名字。不過在馬什死後，人們發現迷惑龍和雷龍其實是同一物種。於是較晚命名的「*Brontosaurus*」被認定為無效名，僅較早命名的「*Apatosaurus*」被認定為有效名*。

同種卻取了不同學名，稱作同物異名（synonym）。雷龍「*Brontosaurus*」是同一個物種後來取的學名，叫做次異名（junior synonym），是無效名稱。

對一個分類學者來說，同一個物種有許多同物異名不是什麼值得高興的事。在昆蟲學領域中，法布爾（Jean-Henri Casimir Febre）雖然曾為許多昆蟲命名，但卻不是是一個好的分類學家。法布爾為昆蟲取的名字，後來都被發現是同物異名，為無效名稱。

相對於同物異名，還有另一個概念叫做異物同名（homonym）。若為不同物種取了相同學名，便稱作異物同名。當然，只有第一個被命名的物種，其名稱為有效名；後面被命名的物種皆為無效名。

「*Platypus*」便是一個著名的同物異名例子。這本來是鴨嘴獸的學名（屬名）。

澳洲人本來就稱鴨嘴獸為「platypus」，意為「扁平的腳」。

在鴨嘴獸定為*Platypus*後，過了一陣子才有人發現一種小甲蟲——長小蠹蟲（會在樹木上穿孔，使其枯死）的屬名也是 *Platypus*。由於鴨嘴獸是後來才命名的，故在鴨嘴獸的命名上，*Platypus* 便成了無效名。無可奈何的，鴨嘴獸的正式名稱（學名）只得從 *Platypus* 改為 *Ornithorhynchus*。ornitho 是鳥的意思，rhynchus 是嘴巴的意思。也就是說，鴨嘴獸學名的意義為「鳥的嘴巴」。不過，就算你在澳洲跟別人提到 *Ornithorhynchus*，也沒有人知道那是什麼，反倒是 platypus 這個名字比較多人知道。因此，雖然 platypus 沒能成為鴨嘴獸的學名，卻做為鴨嘴獸的英文名稱而廣為眾人所知。

無論如何，某種程度上，學名可以說是注重平等的名字。不管為物種命名的人有沒有權勢，都是先命名者可以優先決定名稱。不會因為命名者身分的不同，而有不同的命名優先權。

和命名有關的話題就先講到這。盲步行蟲是棲息在洞窟內的昆蟲，主要棲息地是西日本的石灰岩洞窟，不過不同洞窟內的盲步行蟲卻各自為不同的物種。因此，

*註：刺刺蟲的中文叫做鐵甲蟲。

如果哪個洞窟在某些因素下被破壞，該洞窟的盲步行蟲也會跟著滅絕。「棲息的生態系越小，越容易滅絕」亦適用於盲步行蟲。

除了盲步行蟲，小笠原虎甲蟲、尖形擬龍蝨等甲蟲也被列為瀕臨絕種的物種。

除了小笠原虎甲蟲，小笠原帶花蚤、小笠原小灰蝶等小笠原群島的昆蟲亦被劃入瀕臨滅絕的名單。一般認為，是因為有人將綠安樂蜥（*Anolis carolinensis*）引進了小笠原群島，才使島上昆蟲在這種蜥蜴的捕食壓力下瀕臨滅絕。可以說是侵入離島之外來種造成當地物種滅絕的最佳例子。

小笠原父島上的小笠原虎甲蟲皆已滅絕，現在只剩兄島上有少許族群。

尖形擬蟲蝨在我小時候還蠻多的，但現在已很少看到牠們的蹤影。我認為農藥的使用應該是很大的原因。

除了草原，有些生態系也是在人類介入後才形成的，里山（有人類生活的山區）就是一個典型的例子。棲息在里山的生物在人類離開之後，往往會開始減少。

從繩文時代，人類開始在里山建立聚落時，這些生物便與人類共存共榮。在人類放棄里山聚落，或者大量使用農藥時，里山的生物就會被迫正面面臨滅絕危機。

目前獨角仙和深山鍬形蟲還沒被列為瀕臨滅絕的物種，但如果里山的荒廢持續惡化，很快就會在紅色名錄上看到牠們的名字。

滅絕物種與瀕危物種的寶庫——小笠原

接著來看看螺貝蝸牛類（腹足類、雙瓣類）的紅色名錄（第一三五頁）吧。日本紅色名錄【螺貝蝸牛類】中，被劃為滅絕物種的父島樹螺、算盤珠樹螺、赤菱樹螺，以及被劃為極危與瀕危（CR＋EN）的貧毛吉原樹螺、吉原樹螺、平瀨樹螺、有角小笠原樹螺，兄島樹螺、母島樹螺、光滑樹螺、卷筋樹螺（未列於次頁表中）等，皆為棲息於小笠原的陸貝樹螺屬（*Ogasawarana*）生物，加起來一共有十五個物種。另外，被劃為滅絕物種的越高內齒蝸牛、艷內齒蝸牛、大內齒蝸牛……等十個物種；以及被劃為極危、瀕危（CR＋EN）的父島內齒蝸牛等七個物種（未列於次頁表中），皆為棲息於小笠原的內齒蝸牛屬（*Hirasea*）生物。

小笠原群島上一共有超過一百種的陸貝，但其中二十種已經滅絕，剩下的物種也瀕臨滅絕。從紅色名錄上就可以看得出來，這種小型島嶼的生態系有多虛弱。

為什麼小笠原那麼小的地方會有那麼多種類的貝類？以樹螺為例，可能是一開始先有一種樹螺的原始貝類進入小笠原做為共同祖先，再逐漸分歧演化出各種樹螺。

達爾文的演化論提過，地理上的變化在物種形成時的重要性。當大型山脈、大型河川，甚至是新的海洋形成，會將兩地的同一物種隔離開來。於是不同區域的族群便會各自往不同方向演化，形成不同物種。

不過，光是在小笠原的乳房山與石門，就有好幾種樹螺（或者說曾經有）。在那麼小的環境中有好幾種同屬的螺貝類，可以想像得到，牠們應該是在同一個地點演化分歧成許多物種的。當然，在生物演化的過程中，因為地理隔離而分歧出不同物種是很常見的事，不過物種也可能在同一個地點分歧成不同物種。小笠原的螺貝類較有可能屬於同地分歧。

昆蟲與螺貝類等生物，很常因為一個基因的突變，使之與原本的族群產生生殖隔離。所以常會突然滅絕，或者突然冒出新的物種。

我們常會覺得，只有在環境遽變或其他重大改變，才會導致生物滅絕。確實，某些生物的滅絕原因相當明確。不過，當物種分歧速度快，一個物種只由一個個體數很少的族群組成，就算環境沒有劇烈改變，只要發生一點意外，就可能導致物種滅絕。

日本【螺貝蝸牛類】紅色名錄 2019

●滅絕（EX）19 種
父島樹螺
算盤珠樹螺
赤菱樹螺
琉球山椒螺
平久保內齒蝸牛
越高內齒蝸牛
底角內齒蝸牛
艷內齒蝸牛
大內齒蝸牛
畑井內齒蝸牛
中窪內齒蝸牛
平牧內齒蝸牛
兒玉內齒蝸牛
內齒蝸牛
擬內齒蝸牛
厚口母島姬斗笠螺
小笠原黍貝
父島透鏡蝸牛
母島透鏡蝸牛
●野生滅絕（EW）0 種
●極危（CR）32 種
磨樹螺
沖繩負蟲螺
西表負蟲螺
後藤山蝸牛
布目甲香螺
反吐栗色川山椒螺
天田鼻栗色川山椒螺
大東栗色山椒螺
奈良尾胡麻岡千草螺
甑胡麻岡千草螺
大東胡麻岡千草螺
大東岡千草螺
宮古岡千草螺
玉城岡千草螺
渡難岡千草螺
與那國片山貝
陸首切貝
遊糸首切貝
耀宵首切貝
階首切貝
老瀧首切貝
陸穀米螺
川螺旋貝
大東陸物洗貝
鳴門煙管螺
宮古沖繩煙管螺
大東蚤煙管螺
阿南負蟲螺
大東大蝸牛
臍空大蝸牛
縮緬壽老人
伊達沖蜆
橫綱毛雕貝
●瀕危（EN）16 種
猿田吸氣負蟲螺
平瀨厚蓋貝
苧貝
畦法螺
姬平牧三條大蝸牛
沖繩寺町斗笠螺
與那國白斗笠螺
男女蛞蝓
津島擬薄皮大蝸牛
晶大蝸牛
與那國大蝸牛
白雪山高大蝸牛
三圓大蝸牛
姬江貝
川珍珠貝
小型川珍珠貝

另有 CR+EN 239 種、VU 328 種、NT 445 種、DD 89 種、LP 13 族群，此處省略。

節肢動物門　甲殼綱　鉤蝦目　成田鉤蝦
節肢動物門　甲殼綱　鉤蝦目　鹽川鉤蝦
節肢動物門　甲殼綱　十足目　南鬼沼蝦
節肢動物門　甲殼綱　十足目　沖繩南澤蟹
節肢動物門　甲殼綱　十足目　緣取陸蟹
節肢動物門　甲殼綱　十足目　先島沼蝦
節肢動物門　甲殼綱　十足目　紅樹林沼蝦
節肢動物門　甲殼綱　十足目　足長沼蝦
節肢動物門　甲殼綱　十足目　短掌陸寄居蟹
節肢動物門　甲殼綱　十足目　濃紫陸寄居蟹
節肢動物門　甲殼綱　十足目　川沙蟹
節肢動物門　甲殼綱　十足目　姬陸蟹
節肢動物門　甲殼綱　十足目　沖繩平磯蟹
節肢動物門　甲殼綱　十足目　紫陸寄居蟹
節肢動物門　甲殼綱　十足目　御影澤蟹
節肢動物門　甲殼綱　十足目　褐色澤蟹
節肢動物門　甲殼綱　十足目　紫澤蟹
節肢動物門　甲殼綱　十足目　嶺井澤蟹
節肢動物門　甲殼綱　十足目　琉球澤蟹
節肢動物門　甲殼綱　十足目　坂本澤蟹
節肢動物門　甲殼綱　十足目　地下沼蝦
節肢動物門　甲殼綱　十足目　腰瘦稚兒蟹
節肢動物門　甲殼綱　十足目　粒長臂蝦
節肢動物門　甲殼綱　十足目　平腳長臂蝦
節肢動物門　甲殼綱　十足目　諸喜田長臂蝦
節肢動物門　甲殼綱　十足目　齒黑槍蝦
節肢動物門　甲殼綱　十足目　光永川沙蟹
節肢動物門　甲殼綱　十足目　西表沼蝦
節肢動物門　甲殼綱　十足目　八重山膜殼蟹
節肢動物門　甲殼綱　十足目　洋梨川沙蟹
節肢動物門　甲殼綱　十足目　四葉折顎蟹
節肢動物門　甲殼綱　十足目　八重山山蟹

●數據缺乏（DD）44 種

海綿動物門　尋常海綿綱　單骨海綿目　刷毛海棉
海綿動物門　尋常海綿綱　單骨海綿目　朴澤海綿
海綿動物門　尋常海綿綱　單骨海綿目　大津海綿
海綿動物門　尋常海綿綱　單骨海綿目　阿寒湖海綿
刺胞動物門　水螅綱　淡水水母目　伊勢真水水母
環節動物門　蛭綱　有吻蛭目　錨蛭
環節動物門　蛭綱　有吻蛭目　綠蛭
環節動物門　蛭綱　有吻蛭目　疣蛭
環節動物門　蛭綱　有吻蛭目　東方膨蛭
環節動物門　蛭綱　有吻蛭目　扭桶蛭
環節動物門　蛭綱　有吻蛭目　揚子鯉蛭
節肢動物門　蛛形綱　擬蠍目　長臂擬蠍
節肢動物門　蛛形綱　盲蛛目　粟豆盲蛛
節肢動物門　蛛形綱　盲蛛目　五刺盲蛛
節肢動物門　蛛形綱　盲蛛目　港盲蛛
節肢動物門　蛛形綱　盲蛛目　赤平丘盲蛛
節肢動物門　蛛形綱　盲蛛目　白馬平丘盲蛛
節肢動物門　蛛形綱　盲蛛目　天狗平丘盲蛛
節肢動物門　蛛形綱　盲蛛目　伏刷子盲蛛
節肢動物門　蛛形綱　盲蛛目　無人盲蛛
節肢動物門　蛛形綱　盲蛛目　無人黑背盲蛛
節肢動物門　蛛形綱　蜱蟎目　朱鷺羽毛蟎
節肢動物門　蛛形綱　蜱蟎目　亞州卵蟎
節肢動物門　蛛形綱　蜘蛛目　斑足狼蛛
節肢動物門　蛛形綱　蜘蛛目　枝疣蛛
節肢動物門　蛛形綱　蜘蛛目　大和潮蜘蛛
節肢動物門　蛛形綱　蜘蛛目　童子蛛
節肢動物門　蛛形綱　蜘蛛目　長腹萱嶋蜘蛛
節肢動物門　甲殼綱　無甲目　北豐年蝦
節肢動物門　甲殼綱　等足目　姬小粒蟲
節肢動物門　甲殼綱　十足目　有明膜殼蟹
節肢動物門　甲殼綱　十足目　豆磯蟹
節肢動物門　甲殼綱　十足目　洞窟仿相手蟹
節肢動物門　甲殼綱　十足目　絣仿相手蟹
節肢動物門　甲殼綱　十足目　洞窟絨螯蟹
節肢動物門　甲殼綱　十足目　西表豆形拳蟹
節肢動物門　甲殼綱　十足目　金子拳蟹
節肢動物門　甲殼綱　十足目　奄美豆形拳蟹
節肢動物門　甲殼綱　十足目　西表三強蟹
節肢動物門　甲殼綱　十足目　台灣大平磯蟹
節肢動物門　甲殼綱　十足目　無角梭子蟹
節肢動物門　倍足綱　帶馬陸目　龍帶馬陸
節肢動物門　倍足綱　帶馬陸目　星帶馬陸
外肛動物門　被唇綱　羽苔目　步苔蟲

●有滅絕疑慮的區域族群（LP）0 族群

日本【其他無脊椎動物】紅色名錄 2019

●滅絕（EX）0 種

●野生滅絕（EW）0 種

●瀕危（EN）2 種

節肢動物門	蛛形綱	蜱蟎目	黑兔血蜱
節肢動物門	甲殼綱	鉤蝦目	小笠原細跳蝦蟲

●極危、瀕危（CR + EN）20 種

扁形動物門	渦蟲綱	三歧腸目	琵琶大渦蟲
扁形動物門	渦蟲綱	三歧腸目	京都渦蟲
扁形動物門	渦蟲綱	三歧腸目	伊豆渦蟲
扁形動物門	渦蟲綱	三歧腸目	鱟渦蟲
扁形動物門	渦蟲綱	三歧腸目	關東井戶渦蟲
環節動物門	環帶綱	蛭蚓目	津輕淡水螯蝦蚓
節肢動物門	肢口綱	劍尾目	鱟
節肢動物門	蛛形綱	蜱蟎目	中山球恙蟲
節肢動物門	蛛形綱	蜱蟎目	黑兔無前恙蟲
節肢動物門	蛛形綱	蜘蛛目	樹目梨並齒蛛
節肢動物門	甲殼綱	橈腳目	伊藤長首蟲
節肢動物門	甲殼綱	等足目	小笠原小粒蟲
節肢動物門	甲殼綱	等足目	本土鼠婦
節肢動物門	甲殼綱	十足目	隱澤蟹
節肢動物門	甲殼綱	十足目	渡嘉敷大澤蟹
節肢動物門	甲殼綱	十足目	宮古澤蟹
節肢動物門	甲殼綱	十足目	尖閣澤蟹
節肢動物門	甲殼綱	十足目	姬百合澤蟹
節肢動物門	甲殼綱	十足目	小笠原沼蝦
節肢動物門	倍足綱	毛馬陸目	篠原毛馬陸

●易危（VU）43 種

扁形動物門	渦蟲綱	三歧腸目	宗谷井戶渦蟲
扁形動物門	渦蟲綱	三歧腸目	北陸細渦蟲
扁形動物門	渦蟲綱	三歧腸目	日高細渦蟲
環節動物門	蛭綱	蛭蚓目	青森淡水螯蝦蚓
環節動物門	蛭綱	蛭蚓目	冠淡水螯蝦蚓
環節動物門	蛭綱	蛭蚓目	蝦夷淡水螯蝦蚓
環節動物門	蛭綱	蛭蚓目	細淡水螯蝦蚓
環節動物門	蛭綱	蛭蚓目	犬養淡水螯蝦蚓
環節動物門	蛭綱	蛭蚓目	岩木淡水螯蝦蚓
環節動物門	蛭綱	蛭蚓目	姬淡水螯蝦蚓
環節動物門	蛭綱	蛭蚓目	大顎淡水螯蝦蚓
環節動物門	蛭綱	蛭蚓目	日本淡水螯蝦蚓
環節動物門	蛭綱	蛭蚓目	淡水螯蝦蚓
環節動物門	蛭綱	蛭蚓目	內田淡水螯蝦蚓
節肢動物門	蛛形綱	盲蛛目	久米腰廣盲蛛
節肢動物門	蛛形綱	蜘蛛目	松田高嶺鬼蜘蛛
節肢動物門	蛛形綱	蜘蛛目	水蛛
節肢動物門	蛛形綱	蜘蛛目	木村蜘蛛
節肢動物門	蛛形綱	蜘蛛目	磯子守蜘蛛
節肢動物門	蛛形綱	蜘蛛目	富士類球蛛
節肢動物門	蛛形綱	蜘蛛目	沖繩木村蜘蛛
節肢動物門	甲殼綱	十足目	奄美南澤蝦
節肢動物門	甲殼綱	十足目	洞窟沼蝦
節肢動物門	甲殼綱	十足目	清白招潮蟹
節肢動物門	甲殼綱	十足目	椰子蟹
節肢動物門	甲殼綱	十足目	日本黑螯蝦
節肢動物門	甲殼綱	十足目	久米島南澤蟹
節肢動物門	甲殼綱	十足目	渡嘉敷南澤蟹
節肢動物門	甲殼綱	十足目	小笠原黑仿相手蟹
節肢動物門	甲殼綱	十足目	琉球紅螯螳臂蟹
節肢動物門	甲殼綱	十足目	先島陸寄居蟹
節肢動物門	甲殼綱	十足目	小笠原絨螯蟹
節肢動物門	甲殼綱	十足目	慶良間澤蟹
節肢動物門	甲殼綱	十足目	荒本澤蟹
節肢動物門	甲殼綱	十足目	沖繩大澤蟹
節肢動物門	甲殼綱	十足目	伊平屋大澤蟹
節肢動物門	甲殼綱	十足目	久米島大澤蟹
節肢動物門	甲殼綱	十足目	井戶長臂蝦
節肢動物門	甲殼綱	十足目	熱帶長臂蝦
節肢動物門	甲殼綱	十足目	石垣沼蝦
節肢動物門	甲殼綱	十足目	小笠原小長臂蝦
節肢動物門	甲殼綱	十足目	招潮蟹
節肢動物門	倍足綱	旋刺馬陸目	八重山旋刺馬陸

●近危（NT）42 種

海綿動物門	尋常海綿綱	單骨海綿目	軟海綿
環節動物門	貧毛綱	單向蚓目	八田蚯蚓
節肢動物門	蛛形綱	盲蛛目	一針盲蛛
節肢動物門	蛛形綱	蜘蛛目	金子蠨蟰蛛
節肢動物門	蛛形綱	蜘蛛目	溝紋硬皮地蛛
節肢動物門	蛛形綱	蜘蛛目	攀木蠨蟰蛛
節肢動物門	蛛形綱	蜘蛛目	岸上蠨蟰蛛
節肢動物門	蛛形綱	蜘蛛目	大拙蟹蛛
節肢動物門	甲殼綱	等足目	潮間砂掘蟲
節肢動物門	甲殼綱	鉤蝦目	安嫩代爾鉤蝦

除了螺貝類，甲殼類中的小笠原沼蝦、小笠原小長臂蝦、小笠原絨螯蟹、小笠原黑仿相手蟹，皆為小笠原內瀨臨滅絕的甲殼類（第一三六～一三七頁）。小笠原的環境承載力很小，卻也因此成為了滅絕物種與瀕臨滅絕物種的寶庫。

在「其他無脊椎動物」的紅色名錄（第一三六～一三七頁）中，前面曾提過的朱鷺羽毛蟎被列為數據缺乏（DD）的物種。這是在朱鷺從野生滅絕移到極危時，同時做的更動。因為我們不知道那些從中國引進，經過一番努力後終於能野放至日本山野的朱鷺，能否順利讓朱鷺羽毛蟎寄生，所以只能將朱鷺羽毛蟎暫時列在數據缺乏一類。

紅色名錄上的黑兔血蜱，是一種寄生在奄美野黑兔上的蜱蟎，與奄美野黑兔同樣被列為瀕危物種。

第五章　什麼樣的物種容易「滅絕」？

小笠原的小笠原繡眼（上）與西表山貓（下）

地區的族群滅絕

前一章，我們提到了許多已滅絕的物種與瀕臨滅絕的物種。本章就讓我們來看看，在物種範圍內的生物族群滅絕是怎麼回事。首先要說的是第三章曾皆介紹過的蟾福蛺蝶和大網蛺蝶。

在我還是小學生的時候（一九五〇年代），曾照著前人的採集記錄，在東京世田谷區附近試著尋找蟾福蛺蝶和大網蛺蝶，但最後卻沒採集到，想必當時這兩種蝴蝶就已經滅絕了吧。目前在宮崎縣和山口縣還看得到蟾福蛺蝶的蹤跡，不過神奈川縣和東京的族群都已滅絕。雖然沒有人能確定牠們滅絕的原因，但很有可能是因為棲息地被切割成許多零碎、彼此孤立的區域，造成一個地區的族群消失後，其他地區的族群卻沒辦法補進來，導致整個棲息族群越來越小，最後消失。

七〇年代末期，我在山梨大學工作，那時山梨縣還可以看得到大網蛺蝶。

若一個物種在五十年內不曾有人看過，不曾有人採集到，環境省就會將其視為滅絕物種。我在山梨大學工作時，曾經實際採集到大網蛺蝶。那時看到的大網蛺蝶或許就是最後的族群了。在那之後過了四十年，現在山梨縣的大網蛺蝶應該都已經滅絕了。

當棲息地惡化，使原本的大族群被切割成多個孤立的小族群，物種滅絕的機率就會提高。如果有一天，某個地區的小族群消失，其他小族群便無法補充個體到這個地區內。於是各個小族群會陸續消失，最後，整個物種就會從這個地區消失。雖然，在日本本州的中國地方，還棲息著一些大網蛺蝶，但這些大網蛺蝶不可能分到山梨縣來。

綜上所述，環境惡化、棲息地的破碎化、族群的孤立，常會導致某地區族群的滅絕。

東京已滅絕的蝴蝶中，日本虎鳳蝶（*Luehdorfia japonica*）是比較有名的一種。我念國高中時，曾採集過日本虎鳳蝶，現在還留著牠們的標本。

多摩丘陵與神奈川縣的丹澤曾棲息著許多日本虎鳳蝶，我記得曾在佛果山附近採集到許多個體。

現在神奈川縣內，只有石砂山附近還留有源自丹澤山脈的日本虎鳳蝶。這裡的日本虎鳳蝶是天然紀念物，不可採集，因此到了日本虎鳳蝶飛舞的季節時，不會有人去捕捉牠們，卻會吸引許多攝影者拿著相機來拍攝牠們飛舞的身姿。

中津川上游的清川村是神奈川縣唯一的村。目前棲息在此地的日本虎鳳蝶，和我以前在神奈川縣採集到的日本虎鳳蝶在斑紋上有些微差異。我想有可能是在丹澤的日本虎鳳蝶消失後，有人將新潟或靜岡的日本虎鳳蝶引進來這裡。

日本虎鳳蝶通常會分散成一個個小族群。一個地區的日本虎鳳蝶，常會分散在不同棲息地，彼此獨立。譬如以前的丹澤有許多日本虎鳳蝶的棲息地，彼此間有一定距離。當每個族群的成體只剩二十到三十隻時，如果發生了什麼意外，這個族群很快就會滅絕。

在一個族群滅絕以後，如果棲息環境沒什麼變化，從其他地方遷徙過來的個體就能在此繁衍出新的族群。也就是說，就算一個棲息地的族群消失，也能由其他地區的個體補充，不至於全部滅絕。

人造杉林是日本虎鳳蝶喜歡的環境之一。以前山上曾有過許多人造杉林。不過在杉樹長大之後，會擋住太多陽光，使森林變得昏暗。森林變得昏暗之後，日本虎鳳蝶就沒那麼適應了。也就是說，日本虎鳳蝶喜歡年輕的人造杉林，但如果杉樹長得太大，日本虎鳳蝶就會覺得不適應而陸續消失。

疏伐杉樹後會讓森林變得比較明亮，增加蜜源植物——豬牙花、紫花地丁的數量，成為適合日本虎鳳蝶棲息的環境。若有一隻雌性日本虎鳳蝶從別處飛來這裡產卵，就能重新成為日本虎鳳蝶的棲息地。

這樣的過程可能會重複多次，所以丹澤與多摩丘陵等地的日本虎鳳蝶不會完全滅絕，而是以許多小族群的形式生存下來。具有這種「複合族群」（**metapopulation**）的生物不會輕易滅絕。當然，從前並沒有人造杉林，因此早春時，日本虎鳳蝶會棲息在有陽光照射的落葉闊葉林中。

如果環境越來越惡劣，各個族群都會逐漸衰退，最後只剩下一個族群。如果連這個族群都撐不下去，就會迎來「滅絕」的命運。因此，如果石砂山的族群是孤立族群，恐怕逃不過滅絕的命運。

不過我懷疑，石砂山的族群並不是來自丹澤的族群，而是有人在清川村或其他地方野放日本虎鳳蝶，這些日本虎鳳蝶再飛來石砂村的，或者是有人在石砂山野放日本虎鳳蝶。

若是如此，神奈川縣的日本虎鳳蝶究竟是滅絕了，還是還沒滅絕？雖然土生土長的地方純品系族群滅絕，卻因為後來有人從其他地方引進其他品系，所以能生出雜交後代，大概就只能這麼解釋了。

有些人主張不能用這種人為方式延續物種的生命，不過就像我們前面所說的，二〇〇三年時，最後一隻日本朱鷺個體死亡，自此之後的所有存活朱鷺個體都是中國朱鷺的後代。自二〇〇八年起的五年內，日本一共野放了一百多隻朱鷺，這些都是在佐渡島用中國朱鷺人工繁殖的後代。

神奈川縣的日本虎鳳蝶也是類似情況。或者說，將物種保留下來，總比滅絕要好得多。喜歡日本虎鳳蝶的人，會注意到不同區域之個體的差異，並嘗試蒐集所有不同外觀的日本虎鳳蝶。岐阜的日本虎鳳蝶看起來又黑又帥，白馬附近的日本虎鳳蝶則因為身上的花紋而有「黃斑」之稱，觀察這些個體的差異是愛好者的一大樂趣。丹澤的日本虎鳳蝶混合了來自各地的性狀差異，復育日本虎鳳蝶可以讓愛好者們享受尋找各種花紋特殊個體的樂趣，又不像朱鷺那樣會花到納稅人的錢。既然如此，保留這些個體，不是遠比讓牠們滅絕好得多嗎？

為什麼離島生物容易滅絕？

即使一地區的小族群消失，只要能從周圍其他族群補充個體，便能夠快速恢復，因此複合族群很大的生物不容易滅絕。反過來說，僅棲息在狹小區域內的生物，便很容易因為小小的環境變動而滅絕。

離島的生物特別容易滅絕。像小笠原群島距離日本各地都非常遙遠，幾乎不會與其他地區交流，棲息於此的生物在環境稍有變動——譬如外來種侵入——時，就會有很高的機率滅絕。

如前所述，美軍將綠安樂蜥做為寵物帶入小笠原島，成為當地的外來種。綠安樂蜥會捕食小型昆蟲。小笠原群島交還給日本後沒多久，我曾以東京都立大學研究所學生的身分，前往小笠原群島調查生態。當時島上還有許多昆蟲，譬如小笠原小灰蝶等。然而這些昆蟲現在幾乎都已滅絕，就是因為綠安樂蜥的數量增加，吃光了這些蝴蝶的幼蟲。父島上的小笠原小灰蝶已滅絕，母島也只剩下少數個體棲息。

綠安樂蜥後來進入沖繩本島，我們卻很少聽到綠安樂蜥破壞了沖繩生態系之類的消息。沖繩距離陸地較近，原本就有許多陸地的生物入侵沖繩，不像小笠原那樣是一個與其他生態系幾乎隔絕的環境。所以即使多了一種綠安樂蜥，也不會讓原本生存在沖繩的本土物種大量滅絕。

小笠原有很長一段時間不曾有過外來種入侵，所以對外來種的抵抗力很弱。一旦綠安樂蜥這種強勢外來種入侵，便會讓許多本土物種的生物在瞬間全部滅絕。

小笠原繡眼是一種小笠原群島上的鳥類。如前所述，小笠原繡眼有兩個亞種，棲息在父島的智島小笠原繡眼（不過在紅色名錄上只有寫「小笠原繡眼」）已經滅絕，只有棲息在母島及其附屬島嶼的母島小笠原繡眼還健在。基因分析結果顯示，小笠原繡眼與塞班島的金繡眼（*Cleptornis marchei*）為近緣物種。塞班島與小笠原距離一千公里，小笠原繡眼的祖先或許是在距今數十萬年前渡海而來的吧。

金繡眼從塞班島飛了一千公里的距離，來到小笠原群島。經過長年的演化，變成了沒那麼喜歡飛行的小笠原繡眼。小笠原群島的母島群島中，有些島嶼有小笠原繡眼，有些島嶼卻沒有，這兩種島嶼之間的最短距離僅為五百公尺，小笠原繡眼連這五百公尺都飛不過去。

小笠原繡眼所棲息的島嶼，自然環境和沒有小笠原繡眼的島嶼幾乎相同，海拔卻不一樣。沒有小笠原繡眼的島嶼海拔比較低，有的島嶼海拔比較高。在一萬八千年前的末次冰期中，母島群島的所有島嶼皆以陸地相連，這時母島的每個地方應該都有小笠原繡眼棲息。到了一萬四千年前的繩文時代，氣候比現在還要溫暖，於是海面上升，淹沒了許多海拔比較低的島嶼，這些島上的小笠原繡眼就全都消失了，只有海拔較高的島上還有小笠原繡眼棲息。在這之後，海面再度下降，小笠原繡眼卻沒有再飛回那些海拔較低的島。很久很久以前，可以飛越一千公里海洋的鳥類子孫，卻沒辦法飛過僅僅五百公尺外的島嶼，實在是不可思議。

棲息在島嶼上的生物會隨著時間逐漸改變其性質。然而一直在封閉的生態系內，生物對於環境變化的適應力會逐漸下降。如此一來，當環境改變，滅絕機率就會變得很高。

人類也一樣，一直待在同一個地方，對於環境變化的適應力就會下降。人類在環境發生變化時，會開始進行長距離遷徙。這樣的行為可以讓人類免於滅絕的命運。當有部分族群遷徙到其他地方，即使留下來的族群全滅，移走的族群仍有可能存活下去；或者移走的族群全滅，留下來的族群也可能存活下去。分開來生活，可以降低滅絕機率。

相較其他鳥類，小笠原繡眼可說是相當親人，會主動飛到人類身邊一公尺處。可見這種鳥的警戒心相當低，容易被捕食者襲擊。然而小笠原繡眼已長期棲息在沒有捕食者的環境中，一旦出現捕食者，很快就會因為被捕食而滅絕。

五萬年前左右，印尼的弗洛勒斯島上曾住著一種人類，叫做弗洛勒斯人（*Homo floresiensis*）。弗洛勒斯人的身材較小，身高大約只有一公尺左右。腦也很小，只有四百CC左右。不過一般認為，他們與現代人一樣有很高的智能，甚至還會用火。

不知道為什麼，許多長期棲息在島上的物種會有越來越矮小，或者是越來越高大的傾向。俄羅斯弗蘭格爾島在四千年前以前，曾棲息著小到只有一公噸左右的猛瑪象；弗洛勒斯島上的科摩多巨蜥則相當大。不過，現在的科摩多巨蜥已瀕臨絕種（VU）。

棲息地小的物種易有滅絕危機

說到島嶼，日本琉球西表島上的西表山貓，現在最多大概只有一百頭左右。西表山貓只棲息在西表島，是世界上各種山貓中，棲息區域最小的山貓。如果突然流行某種奇怪的疾病，西表山貓就可能會馬上滅絕。

譬如貓愛滋，對貓來說就是一種可怕的疾病。如果有家貓將貓愛滋帶到島上，傳染給西表山貓，西表山貓可能會馬上滅絕。

對馬山貓只棲息在日本長崎縣對馬島，亦屬於有滅絕疑慮的山貓。大約二十年前，受保護的對馬山貓感染了貓愛滋。後來研究人員又發現了好幾頭遭感染的個體，因此一般認為，對馬山貓是因為環境破壞與貓愛滋而數量遽減。目前對馬山貓的個體數應與西表山貓相近，都在一百頭左右。

貓愛滋是由貓免疫缺乏病毒（FIV）造成的傳染病。這種病毒不會感染人類，所以沒有很多人想要積極消滅貓愛滋。

順帶一提，研究指出，人類愛滋（人類免疫缺乏病毒／HIV）出現於一九三〇年左右。先是非洲中西部的黑猩猩吃了其牠猿猴，感染到ＳＩＶ（猴免疫缺乏病毒），人類又吃了受感染的黑猩猩，才得到了愛滋。

即使是同一類的病毒，不同病毒之間也可能會有很大的差異。許多傳染病只會感染人類。人類的族群又大，對病原體來說是很大的市場。

如前所述，人類的愛滋病毒似乎源自於黑猩猩感染到的ＳＩＶ。從黑猩猩轉移到人類身上的愛滋病毒，一開始「住起來」或許不怎麼舒適。如果住起來不舒適，病毒就會馬上殺死宿主。而殺死宿主後，病毒自己也會死掉。因此，愛滋病毒會不斷突變，逐漸轉變成能與人類和諧共處的病毒。現在因愛滋病毒而死亡的人越來越少。研究人員陸續開發出新藥物固然是一大原因，不過愛滋病毒逐漸與人類共生也是很重要的一點。若愛滋病毒能順利與人類共生，那麼只要人類不滅絕，愛滋病毒就不會滅絕。病原體就是這樣演化的。

許多以人類為宿主的病原體，皆起源於非洲。當非洲某種特地野生動物減少，原本專一性寄生在該種動物上的病毒或細菌，就會面臨滅絕危機。為了開拓新的「市場」，這些病原體會盡可能轉移到其他動物身上。如果有機會改以人類為宿主，必定會積極地轉移到人類身上。然而一開始病毒大都不能適應人類身上的環境，會殺死做為宿主的人類。一旦殺死人類，病毒自己也活不下去。

猿猴研究學者河合雅雄老師，是日本的克里米亞—剛果出血熱第一號患者。克里米亞—剛果出血熱的致死率沒有像伊波拉病毒那麼高，卻也有三成患者會死亡。河合老師至今仍活著，疾病已治癒，也沒有傳染給其他人。如果河合老師將克里米亞—剛果出血熱的病毒傳染給家人或周圍朋友，日本就可能會成為疫區。

愛滋病毒則是一個成功開拓了新天地的例子。愛滋病毒原本以黑猩猩為宿主，但在黑猩猩瀕臨滅絕時，轉移到了人類身上。剛轉移到人類身上時，感染宿主後會馬上殺死宿主，後來則逐漸變得溫和，慢慢能與宿主共存下去。

另外，最近有研究發現，病原體、細菌為了讓自己更容易生存下去，甚至還會操控宿主。

弓漿蟲是一種寄生性原生生物，會寄生在人類等恆溫動物體內，引起弓漿蟲症。弓漿蟲只能在貓的腸內行有性生殖。換言之，如果沒有被貓吃下肚，就沒辦法完成生活史。因此，弓漿蟲會想辦法讓被牠們感染的動物被貓吃掉。於是，寄生在老鼠上的弓漿蟲為了讓宿主老鼠容易被貓吃掉，會操控老鼠的腦，使其前往明亮的區域，並降低對危險的恐懼。這樣的老鼠就算碰上貓，也不會逃走，而是會被貓吃下去。如此一來，被貓吃下肚的弓漿蟲就能在貓的腸內有性生殖，並形成特殊胞子，隨糞便排出體外。如果人類接觸到這些糞便，弓漿蟲便可能會由口進入人體，感染人類。

然後弓漿蟲會操控做為宿主的人類，使人類容易被貓吃掉……當然不會有這種事。不過最近的研究顯示，弓漿蟲可能會操控人類的腦。弓漿蟲會劫持白血球，使其釋放特殊的神經傳導物質，讓人類不容易產生恐怖感與不安感。感染過弓漿蟲的人並不少。研究指出，全世界約有三分之一的人感染過弓漿蟲，不過幾乎都不會出現症狀，所以患者並不知道自己有被感染。感染了弓漿蟲的人類固然不會被貓吃掉，卻有可能變得比較不怕貓科的獅子而被獅子吃掉。事實上，因為患者比較感受不到危險，所以也比較容易發生交通事故。在高速公路上不顧危險亂開車的駕駛，很有可能是弓漿蟲患者。

自然界的食物鏈相當複雜。位於食物鏈頂點的肉食動物看似是最強的生物，卻有可能被寄生蟲操控，而這種寄生蟲身上可能又有其他生物寄生（雙重寄生）。

Euderus set 是一種寄生蜂的學名，英文名稱為 crypt-keeper wasp（棺木守護蜂）。這種寄生蜂相當小，雄蜂體長約為一．二～一．六公釐，雌蜂約為一．六～

二・三公釐。二〇一七年，研究人員在北美佛羅里達採集到牠們的標本，並將其登記為新物種。雖說是新種寄生蜂，但在人類出現以前，牠們便已存在，只是人類不知道牠們的存在而已。

棺木守護蜂廣泛分布於北美大陸南部。那裡的某些癭蜂會刺激櫟樹樹幹的樹皮，使其產生蟲癭。棺木守護蜂則會寄生在某種癭蜂上，這種癭蜂也是體長僅略大於二毫米的小型蜂。癭蜂會將卵產在櫟樹的樹皮下，刺激該處的細胞產生異常的細胞分裂，形成蟲癭。幼蟲便以蟲癭為食，逐漸成長。幼蜂在蟲癭內羽化成蜂後，會向外打開一個洞飛出。棺木守護蜂看到這種蟲癭後，會將卵產在蟲癭內。孵化後的棺木守護蜂幼蟲會抓住宿主癭蜂的幼蟲，操控宿主。宿主的成長速度會比平常還要快，並想盡快在蟲癭上開一個洞逃出。但開出來的洞太小，只有頭出得來（癭蜂的頭會像塞子一樣塞住洞口，無法移動）。一般認為這也是棺木守護蜂操控的結果。

癭蜂寄生在櫟樹上，操控櫟樹產生蟲癭；棺木守護蜂則寄生在癭蜂上，操控癭蜂做出對棺木守護蜂有利的行動。雙重寄生，雙重操控。癭蜂的頭卡在自己開的洞上而無法移動時，做為寄主的棺木守護蜂便會吃掉癭蜂的身體、羽化，然後再吃掉癭蜂的頭部，最後離開蟲癭。棺木守護蜂很難靠自己的力量在蟲癭上開洞，所以如果沒有操控瘿蜂開洞，棺木守護蜂的死亡率會大幅提高到三倍。

我們人類體內的各種生物，會不會也在操控人體，使人體適合牠們生存？以腸道細菌為例，有些研究者認為，人類有時會改變食物的偏好，這可能是因為腸道細菌依照自己的需要，改變了人類對食物的偏好。人類以為是自己想吃某種食物，其實是被腸道細菌操控去吃這種食物。例如我每天晚上一定會喝酒，想必我的腸道細菌一定很喜歡酒吧。

過去，人們推測腸道細菌的總數約為一百兆左右，最新的研究則顯示可能達到一千兆。然而人類僅約有三十七兆個細胞，所以我們的身體稱得上是細菌們的家。

近親交配與絕種

第一五六頁的表是全世界野生個體數在一五〇頭以下，較具有名氣的動物物種（亞種）清單。無論如何，對於這些野生個體數在一五〇頭以下的動物來說，滅絕只是時間的問題。

多數哺乳類在個體數少於一定程度時，便容易出現近親交配的情形。如同我們在第三章中所說的，近親交配容易出現近交衰退。哺乳類動物常有許多隱性有害基因，形成同型合子（同一對染色體上的相同位置具有相同基因），便會表現出這類有害基因，顯現近交弱勢。

在人類社會中，古埃及王族為了維持家族統治的權力，不但不排斥近親婚姻，甚至還會鼓勵這麼做。譬如埃及拉美西斯二世就和自己的好幾個女兒結婚。一般認為，就是因為這樣的近親交配，使埃及王室出現了近交衰退。

神奇的是，有些昆蟲會產生近交衰退，有些卻不會。第三章中我們曾提到白紋夜蛾，若讓白紋夜蛾近親交配，那麼從第一子代開始就會出現近交衰退的現象。隨著世代數的增加，個體畸形的比例與幼蟲死亡率會逐漸增加。到第五代時，卵甚至無法受精。不過，鍬形蟲就比較不會有近交衰退的現象。然而彩虹鍬形蟲、巴布亞金色鍬形蟲等物種，經過數代近親交配後，繁殖率可能會逐漸下降，最後導致整個族群消失。

現在馬爾地夫的巴布亞金色鍬形蟲大量增加，牠們會吃掉大量農作物，被視為害蟲。

馬爾地夫的巴布亞金色鍬形蟲應為外來種，一開始只有數隻個體進入，故只能靠近親交配來擴大族群。族群增加的速度會那麼快，或許是因為族群的共同祖先（最初的入侵者）身上並沒有隱性有害基因吧。

如同我們在第三章中說的，日本的外來種蝴蝶——紅斑脈蛺蝶近年來逐漸增加，而這些外來種是由人類帶來日本的。但人類也不可能一次就野放數百隻紅斑脈蛺蝶，一開始應該只有放出數隻。這幾隻紅斑脈蛺蝶在日本野外產卵，逐漸擴大族群。也就是說，紅斑脈蛺蝶一開始是靠著近親交配繁衍的。既然沒有出現近交衰退，就表示一開始釋放出來的那幾隻紅斑脈蛺蝶體內應該沒有隱性有害基因。不過，如果發生突變，生物也可能會突然產生奇怪的基因。

基本上，顯性有害基因幾乎不可能被保留下來。如果基因是顯性，只要有一個有害基因，就會對個體造成負面影響，難以繁衍後代。

人類的早衰症是一種顯性有害基因所引起的疾病。這種疾病的患者通常在十五歲左右就會死亡，目前最長壽的患者只有十七歲。

這種早衰症基因位於第一染色體上，是一種顯性基因。一般認為是卵、精子，或者是受精後不久的受精卵產生基因突變，才使個體出現這種疾病。

患有早衰症的人類個體年輕時就會死亡，所以這種顯性致命基因並不會傳給後

野生個體數小於 150 的主要動物物種（亞種）及其棲息地

小頭鼠海豚（*Phocoena sinus*）／150 隻以下／墨西哥、加利福尼亞灣
長江江豚（*Neophocaena phocaenoides asiaeorientalis*）／150 隻以下／中國長江
白鱀豚（*Lipotes vexillifer*）／幾乎滅絕／中國長江
絲絨冕狐猴（*Propithecus candidus*）／100 隻／馬達加斯加
古巴大耳蝙蝠（*Natalus primus*）／100 隻／古巴洞窟
華南虎（*Panthera tigris amoyensis*）／30～80 隻／中國南部〔飼育個體數約為 300 隻〕
馬克薩斯鶲（*Pomarea mendozae*，雀形目的鳥）／ 50 隻／玻里尼西亞、法圖伊瓦島
遠東豹（*Panthera pardus orientalis*）／50 隻／俄羅斯東南部〔飼育個體數約為 200 隻〕
爪哇犀（*Rhinoceros sondaicus*）／50 隻以下／爪哇島、烏戎庫隆國家公園〔無飼育個體〕
北白犀（*Ceratotherium simum cottoni*）／功能性滅絕*／中非
＊在肯亞的奧佩傑塔自然保護區內，僅存兩隻雌性
海南長臂（*Nomascus hainanus*）／20 隻以下／海南島
斑鱉（*Rafetus swinhoei*）／2 隻／中國、越南〔飼育個體數 2 隻〕
黑鱉（*Nilssonia nigricans*）／野外滅絕／孟加拉〔飼育個體數在 500 隻以上*〕
＊孟加拉吉大港市的人工池圈養了 500 隻以上
彎角劍羚（*Oryx dammah*）／野外滅絕／北非、薩赫爾地帶〔飼育個體數達數百隻*〕
＊多摩動物公園為世界首次的人工繁殖
夏威夷烏鴉（*Corvus hawaiiensis*）／幾乎滅絕／夏威夷、茂納洛亞山〔飼育個體達 100 隻以上*〕
＊聖地牙哥動物園內飼養了 100 隻以上
麋鹿（*Elaphurus davidianus*）／野外滅絕／中國〔飼育個體數在全世界達數百隻*〕
＊在日本多摩動物公園也看得到

代。一般來說，有害基因大都為隱性，若只有一個有害基因並不會顯現出來。但如果近親交配，使後代出現同型合子，缺乏正常的對偶基因，後代的個體就會出現異常。

動物園的動物常有近親交配的問題。飼養在動物園的動物常不得不近親交配。世界各地動物園的老虎皆有各自的系譜紀錄，動物園會盡可能讓親緣關係較遠的個體交配。但因為個體數實在太少，有時還是不得不讓動物們近親交配。所以動物園常可看到因近交衰退而顯得特別虛弱的個體。

此外，世界上所有賽馬的父系血統都可以追溯到三頭雄性種馬，故所有賽馬在遺傳上皆為血緣關係相當近的個體。雖然牠們跑的速度很快，卻也具有隱性有害基因。現代的賽馬都有人類管理，所以大致上還是能健康活下去。但如果野放，大概很難順利存活。

一般來說，野生動物本身就有一套可以避免近親交配的機制。以人類來說，研究指出，人的體味可以避免靠近近親。女兒會覺得爸爸的體味特別臭而避免接觸，或許就是一種避免近親交配的機制。

因三峽大壩造成瀕臨絕種的白鱀豚

前面第一五六頁的清單中，最上面的小頭鼠海豚是一種體型偏小的海豚，下方的白鱀豚也是一種海豚。

中國長江有兩種海豚棲息，分別為白鱀豚與長江江豚。長江江豚的數量原本還有一些，不過數年前，相關單位調查長江時，完全沒看到白鱀豚的蹤影，推測白鱀豚應該已經滅絕。

中國在長江上游建造了巨大的三峽大壩，導致各種生物紛紛消失。

建造水壩會導致下游的土地貧瘠化。原本河流會將營養從上游運送到下游，而河流的適度氾濫可以濕潤土地，水退後，便會成為肥沃的土地。埃及文明與長江文明就是基於這樣的機制發展起來的。

埃及尼羅河的氾濫可能會讓三角洲出現嚴重災情，使許多人溺斃。不過在氾濫後沒多久，堆積在三角洲的物質能讓土地肥沃化，使其成為適於農耕的土地。建造水壩後，河流便無法將營養從上游帶下來，於是人們只能用肥料來讓土地變得肥沃。

現代人可能不怎麼希望河川氾濫，即使如此，建造水壩還是有很多壞處。舉例來說，建造水壩後，河流中的砂土便會大量沉積在水壩底部。如果不去管它，一碰上大雨，水壩就有可能會突然崩潰，故需要定期清淤，但清淤的成本相當高。另外，日本最近也發生過因為害怕水壩崩潰而將水壩內的水一口氣放出來，卻造成了大災害的事件。從防止水災的觀點看來，建造水壩並沒有幫助，與其蓋水壩，不如把錢拿去蓋堤防，更能防止洪水氾濫。

即使到了現在，亞馬遜河流域仍會在雨季時氾濫成災，淹沒平地。當地的人們也會隨著季節而改變生活型態，在雨季時建造樹屋，在窗戶垂釣，或者開船捕魚，乾季時則在土地上耕作。這可以說是和自然共存的合理生活型態。亞馬遜水系也有淡水海豚棲息，主流亞馬遜河，以及支流瑪代拉河、奧里諾科河等，至少就含有三種淡水海豚，至今仍尚未滅絕。

棲息於長江與亞馬遜河這種大型河川內之淡水海豚的祖先，可能是從海洋遷移到這些河川的。河川比海洋還要狹窄，環境比海洋單純，所以人類的活動容易大幅改變河川環境，使河川內的生物滅絕。

全球的老虎數量近一百年減少九成

第一五六頁的表中，絲絨冕狐猴是一種馬達加斯加的狐猴，野生個體數僅剩下一百頭左右。而同樣只剩下一百頭左右的古巴大耳蝙蝠，只棲息在古巴的特殊洞窟內，亦為瀕臨滅絕的物種。

華南虎是棲息於中國南部的老虎，野生個體數更少，可能只有三十隻左右，最多也不會超過八十隻。

現在世界各國、各地區的野生老虎都瀕臨絕種，然而人工飼養的老虎卻不少。目前全球圈養的華南虎共有三百隻左右。假設野生個體只有三十隻，那麼圈養的老虎數量就是野生的十倍。

不過，研究指出，全球的老虎數量近一百年減少九成。相較之下，人類數量卻在這一百年內增加至五倍。

孟加拉虎是一種棲息在印度的老虎。著名的「白虎」就是孟加拉虎的白色變種。

印度政府在一九七〇年代啟動了孟加拉虎的保育工作，殺死孟加拉虎的人需繳交罰金。另一方面，如果人類被孟加拉虎襲擊，並遭殺害，政府則會支付慰問金。慰問金與罰金的金額相同。看來人類生命的價值在印度和老虎是一樣的。

印度常發生孟加拉虎從背後襲擊在河邊洗滌衣物的人的事件。為了防止發生這種事，印度的人們在洗滌衣物時，常會回頭查看情況。據說老虎看到動物的臉，就會認為這是動物的正面，所以老虎不太會從正面襲擊人類。

從加藤清正擊退老虎（據說，豐臣秀吉的家臣加藤清正出兵朝鮮時，有狩獵過老虎）的故事可以知道，朝鮮半島也有老虎。朝鮮半島的老虎屬於東北虎。

東北虎是世界上最大的老虎，如果一對一與獅子打鬥，應該比獅子還強。然而野生的東北虎數量如今已減少到只剩兩百隻。

與東北虎相比，遠東豹的個體數又更少。遠東豹只剩下五十隻，應該會更早滅絕。

在第一五六頁的表中，華南虎的下方為馬克薩斯鷸，是一種鷸科的鳥。

馬克薩斯鷸只棲息在玻里尼西亞的某些小島上。然而在近二十年內，牠們的個體數減少了九成，現在只剩下五十隻左右，可說是瀕臨滅絕的狀態。人類從其他地方帶來的黑鼠會吃掉島上的昆蟲，使馬克薩斯鷸的食物來源銳減。故黑鼠的增加會使馬克薩斯鷸的數量減少。

綜上所述，住在離島的鳥，容易因為環境的變化而衰退滅絕。

性別決定兩三事

世界各地的犀牛都面臨了滅絕危機，其中又以爪哇犀最接近滅絕。爪哇犀並沒有人工飼養個體，不過在印尼烏戎庫隆國家公園，約有四十頭野生個體。當這個族群消失後，爪哇犀便宣告滅絕。

動物園內飼養的犀牛多為白犀牛和黑犀牛。如同我們在第二章中說的，白犀牛的亞種——北白犀的最後一隻雄犀於二〇一八年三月時死亡。目前雖然還有兩頭雌犀，但顯然，哺乳類動物在只有雌性個體的情況下沒辦法繁衍。因此北白犀這樣的物種被列為功能性滅絕（Functionally Extinct）。

有些爬行類可行孤雌生殖，就算只有雌性也可以繁殖。簡單來說，孤雌生殖就是僅由雌性個體生出後代。

舉例來說，科摩多巨蜥是一種身長可以大到三公尺的巨大蜥蜴。十多年前，英國動物園有一隻雌性科摩多巨蜥，在沒有接觸到任何雄性個體的情況下產卵，並孵化出了後代。而且，從卵中孵化出來的後代全都是雄性。接著，這些雄性科摩多巨蜥再與生下牠們的雌蜥交配，生下許多雄蜥與雌蜥。就科摩多巨蜥來說，就算只剩下一隻雌蜥，雌蜥也能藉由孤雌生殖來生下雄蜥，再與這些雄蜥交配——當然這些都屬於近親交配——進而免於滅絕的命運。

為什麼包括人類在內的各種哺乳類無法做到這種事？這是因為哺乳類動物有所謂的基因銘印現象。有基因銘印現象的基因，會只表現來自父親的基因，或只表現來自母親的基因。胚胎發育時的重要基因具有基因銘印現象時，個體就沒辦法進行孤雌生殖。

爬行類動物通常沒有基因銘印現象，魚類也一樣，可以進行孤雌生殖。無法進行孤雌生殖的哺乳類反而是比較特殊的生物。為什麼生物會這樣演化？實在是耐人尋味。

如各位所知，雄性哺乳類的性染色體為XY，雌性為XX。科摩多巨蜥的情況剛好相反。一般我們通常會用Z和W來表示牠們的性染色體。為方便理解，這裡我們也和哺乳類一樣，用X和Y來表示。多數情況下，雄性爬蟲類的性染色體為

XX，雌性為XY。也就是說，雄性是同型合子、雌性是異型合子（生物學上一般會標示為雄性ZZ、雌性ZW）。

為了製造卵與精子，細胞的染色體數會減半，受精後才會恢復正常。科摩多巨蜥的卵中會有X（Z）或Y（W）兩者之一，只有X（Z）的卵孵化後會可得到雄性個體，只有Y（W）的卵則不會孵化。胚胎需要X（Z）的基因才能正常發育；另一方面，不管有沒有Y（W）染色體，都能正常發育。因此，雌性科摩多巨蜥在孤雌生殖時，後代全都是雄性。

不管是爬行類還是人類，在性別分化時，都會分泌性激素，決定全身的性別。所以幾乎不存在身體右邊是男、左邊是女的個體（只有極為零星的個案中，因為決定性別的基因未能發揮作用，或者是缺乏男性激素受體等原因，而成為所謂的「陰陽人」或「雙性人」）。不過昆蟲每個細胞的性別是個別決定的，因此有不少個體的身體一半是雄性，另一半則是雌性。這類個體稱作「gynandromorph」，即雌雄同體之意，或者叫做「雌雄馬賽克」。受精卵分裂時，染色體沒有等分，譬如一部分細胞只有拿到X，另一部分細胞只有拿到Y，就會產生這樣的個體。

鍬型蟲中也有某些個體，身體一半是大顎很大的雄型，另一半則是大顎相對小的雌型。某些蝴蝶的左右翅膀圖樣會有差異，譬如左側翅膀為雄蝶的樣子，右側翅膀卻是雌蝶的樣子。這些雌雄同體的個體相當少見，愛好家們都很珍惜這些個體的標本。

前面提過，人類男性的性染色體通常是XY，女性則是XX。事實上，決定身體性別的並不是染色體的組合，而是Y染色體上稱為SRY的基因。如果這個基因在受精後的第七週到第八週能順利發揮作用，便會啟動各種必要的基因，發育成男性的身體。若SRY基因在某些因素下無法發揮作用，那麼個體就算具有SRY基因，身體仍會長成女性。

減數分裂時，同一對染色體配對，交換彼此的基因。而在製造精子的減數分裂過程中，X會與Y配對，在極少數情況下，Y染色體上的SRY基因會轉移到X染色體上。這麼一來，即使受精卵的性染色體為XX，也可能因為X染色體上帶有SRY基因，而發育成男性個體。另一方面，性染色體為XY的個體，卻可能因為Y染色體上沒有SRY基因，而發育成女性個體。因此，染色體XX並不代表一定是女性的身體，XY也不代表一定是男性的身體。

有些生物並沒有SRY基因，卻可用其他機制，將個體分成雄性與雌性。

鱷魚卵在高溫下孵化時會得到雄性個體，在低溫下孵化時會得到雌性個體。烏龜則相反，低溫下孵化會得到雄性個體，高溫下則會得到雌性個體。

鱷魚和烏龜都是變溫動物，卻也有相當於人類SRY的基因，這種基因所製造出來的蛋白質可以影響個體性別。某些例子中，這種蛋白質在高溫下會失去功能，而當這種蛋白質失去功能，個體就會發育成雌性。在其他例子中，這種蛋白質只有在高溫下才能發揮作用，在低溫下卻沒有活性，故低溫下的胚胎就像沒有SRY的人類一樣，會發育成雌性個體。

人類是恆溫動物，沒辦法以溫度決定胎兒的性別。所以改以Y染色體的SRY基因做為依據，有SRY基因的人就是男性，沒有SRY基因的人就是女性。而烏龜這種變溫動物，則可藉由溫度的變化，來決定胚胎的性別分化。

自然界中的「無敵」海龜

中國的斑鱉是一種體重達一百公斤的大型淡水龜。雖然牠們至今尚未絕種，但目前已知的個體只剩下中國長沙動物園圈養的一隻公鱉和越南的一隻個體（也有人說牠們是不同物種），因此滅絕只是時間上的問題。

黑鱉比斑鱉還要小一些，不過龜甲也可達九十公分。相較於斑鱉，黑鱉的個體數較多，有五百隻左右。然而這些黑鱉全都棲息在孟加拉吉大港市近郊，一個伊斯蘭教聖者靈廟內的人工池。雖然個體數很多，但全都聚集在同一個地方。如果流行傳染病，可能會一次全部死光。因此，黑鱉什麼時候滅絕都不奇怪。

一到特定季節，就會有許多海龜爬上日本屋久島等島嶼的沙灘產卵。我們在前面提過海龜的性別分化機制，海龜卵在低溫下會孵出雄龜，高溫下則會孵出雌龜。

海龜會產下大量的卵，這些卵會在兩個月左右孵化，孵化後的小海龜就會開始在海中旅行。但剛孵化的小海龜幾乎都會被魚類和海鳥捕食，只有極少數的海龜能長大成龜。不過長大成龜後，在自然界就趨近無敵了。成龜幾乎不會被魚類和鳥類捕食。

烏龜的龜殼其實是肋骨。肋骨延伸至肩胛骨外，再沿著皮膚覆蓋住整個身體，就形成龜甲。這個骨頭（龜甲）沒那麼容易分解，就算海龜被抹香鯨之類的大鯨魚吞下肚，鯨魚的胃也無法消化海龜。鯨魚吞下海龜不久後，海龜就會咬破鯨魚的胃逃出來。也就是說，如果抹香鯨吃下海龜，死的反而是抹香鯨。因此，一般來說，鯨魚不大會去吃成體海龜。

所以說，成體海龜幾乎是無敵狀態。只是，能長成成體的海龜其實並不多。

自然生態系中的成體海龜近乎無敵，卻會被人類捕撈，棲息環境也被破壞，故海龜的數量正在減少中。

棲息在日本近海的海龜包括赤蠵龜、綠蠵龜、玳瑁等三種。其中，玳瑁也在IUCN（國際自然保護聯盟）的紅色名錄中被劃為CR（Critically Endangered 極危）的物種。

世界各國於一九七三年簽署了《CITES條約》（*Convention on International Trade in Endangered Species of Wild Fauna and Flora*／《瀕臨絕種野生動植物國際貿易公約》）。這個條約在華盛頓簽署，故亦稱作《華盛頓公約》。條約的基本精神為：「藉由限制野生動植物的國際交易，以控制野生動植物的採集、捕獵。」赤蠵龜與綠蠵龜亦屬於《CITES》禁止交易的物種（列於附錄一）。

《CITES》於一九七五年生效，日本則在一九八〇年簽署了這個條約。剛簽署時，日本在玳瑁一項上的態度為「保留」。「保留」的意思是：雖然加入《CITES》，且禁止大部分《CITES》認定之野生動植物的國際交易，但某幾種生物例外，可以不遵守《CITES》的規定。過去日本進口了許多玳瑁殼製成的工藝品。故在簽署條約當下，很難立即禁止進口玳瑁。因此在簽署《CITES》後的一段時間內，日本仍持續進口玳瑁，現在則已禁止。

尚未滅絕的瀕危物種

彎角劍羚過去曾棲息於北非的撒哈拉沙漠，以及其南側的邊緣地帶。原本已處於野生滅絕狀態，不過一九六八年時，日本的多摩動物公園首次在人工飼養下繁殖成功，至今全世界已有相當數量的個體，目前正在嘗試重新野放回北非。

夏威夷的夏威夷烏鴉也是野生滅絕的物種。聖地牙哥動物園飼養了一些夏威夷烏鴉，亦成功使其繁殖出後代，目前正在嘗試重新野放回夏威夷島的原生林。

我們可以像這樣，將曾經野生滅絕的生物圈養起來，在飼養環境下繁殖，增加數量，使其脫離滅絕危機。譬如麋鹿就是一個很有名的例子。麋鹿的角像鹿，蹄像牛，臉像馬，尾巴像驢，卻不是這四種動物的任一種，所以在中國也稱作「四不像」。麋鹿在十九世紀末時曾處於野生滅絕狀態，不過英國的貝德福德（Bedford）

公爵飼養了一些麋鹿。於是動物園便以這些個體為基礎，持續繁殖麋鹿，後來還在中國的保護區野放了數百頭麋鹿。最近有人說這個族群滅絕了，也有人說這個族群變大了，真偽尚待查證。

大貓熊僅棲息在中國特定區域，數量很少，亦屬於瀕臨滅絕的物種。但因為大貓熊有觀賞價值，又是外交的強力武器，故中國政府在大貓熊的保護工作上投入了相當多資源，所以大貓熊暫時應該還不會滅絕。

私獵大貓熊在中國是重罪，實際上有人因為私獵而被判死刑。讓人不知道到底是人命比較重要，還是大貓熊的命比較重要。

大貓熊常會簡稱為「貓熊」，不過「貓熊」一詞原本是指小貓熊這種動物。人們發現小貓熊時將其稱為「panda（貓熊）」，約十年後才有人發現大貓熊。不過後來，大貓熊越來越有名，於是「panda」一詞便做為大貓熊的代稱。較早發現的小貓熊則在名稱前加上「lesser」，意為「小型的」，稱其為「lesser panda（小貓熊）」。

較早被發現的「小貓熊」或許會比「大貓熊」還要早滅絕。目前中國約有兩千隻小貓熊棲息，尼泊爾、不丹、緬甸也有一些野生的小貓熊，但牠們的數量正在減少中。

在《CITES》生效時，小貓熊被列為附錄二的物種。到了一九九五年時，則改列在附錄一之下。

《CITES》附錄一中所列的物種是有立即性滅絕危機的物種。包括大貓熊與小貓熊在內的一千多個物種，都在這個附錄一中。

原則上，附錄一所列之物種禁止國際買賣。若是學術目的交易，則需獲得進口與出口兩國政府的許可才能進行。

附錄二中約有三萬四千個物種，這些物種雖然沒有立即性滅絕危機，但若不限制交易，未來很可能會有滅絕危機。只要有出口國政府的許可，便可進行國際交易。

而附錄三所列出的物種，則是該物種的原產國為了保護本國的生物，進而要求其他國家配合管理的物種，約有兩百種。只有在和原產國交易時，需取得原產國的出口許可。

使養殖技術躍升的瀕臨絕種食用魚

某些物種在日本瀕臨滅絕，但其他國家卻還有很多個體，鰻就是一個例子。在日本，不管是野生的鱟還是人工飼養的鱟都很少，不過北美東岸一帶就棲息著大量的美洲鱟。

我的長子曾在美國康乃狄克州住過一段時間，他看到海邊有許多被海浪打上岸，又被曬乾的鱟屍體，於是撿了幾個拿回日本給我。大部分的日本人都沒看過實際的鱟，所以來我家的人看到這些鱟都覺得很新奇。我送了一些鱟給友人，所以現在家裡剩不多。鱟的外殼光澤亮麗，就像美術工藝品一樣，難怪那麼多人喜歡。

泰國也有許多鱟，多到可做為食用。據說鱟的卵巢是相當美味的食材，相當珍貴。不過某些個體體內會含有劇毒的河魨毒素，偶爾會聽到有人中了這種毒而死亡。

大部分的鱟體內並沒有河魨毒素，但某些生物體內卻含有河魨毒素，譬如花紋愛潔蟹，日文名稱為光滑包子蟹，是一種表面光滑的小型蟹，食用時會有致命危險。這種蟹就算看到大魚也不會害怕被捕食而逃走，而魚看到這種有毒的蟹時，也不會吃牠們。

具有河魨毒素的物種中，一般人最熟知的物種應該是河魨吧。河魨在水中悠悠哉哉地游動，就像是知道自己有劇毒，不會有被其他動物捕食的危險般。

將河魨放入水槽，再倒入大量河魨毒素，水槽內的河魨就會被河魨毒素毒死。

也就是說，「河魨不會被河魨毒素毒死」的謠言是假的，河魨只是對毒素的耐受度比較強而已。平時，河魨會把毒素的量控制在剛好可以毒死其他魚，卻不會毒死自己的程度。

近年來，人們開始研究如何養殖無毒河魨。我比較知道的是佐賀團隊的研究。佐賀縣曾向日本中央政府提出開放販賣虎河魨肝料理的要求，從十年前起就申請成立「河魨肝特區」，中央政府卻一直拒絕這些申請。佐賀縣業者人工養殖的河魨，全都是無毒河魨，但持有河魨料理執照的廚師，強烈反對佐賀縣提出的要求，所以至今中央政府仍未同意。

人工養殖無毒河魨，就是在陸地上建造養殖池，並確保含有河魨毒素的細菌與浮游生物絕對不會進入養殖池，僅以人工飼料餵養，這樣就可以養出無毒河魨。

有人說沒有毒的河魨很難吃，我倒覺得應該沒什麼差別。好不容易能養殖出無毒河魨，卻無法在市面上流通，這應該是既有的河魨業者在影響厚勞省*的決策吧。

食用魚中，黑鮪魚遠比河魨還要普遍，然而隨著環境資源的減少，各國紛紛推

*註：日本的厚生勞動省，相當於臺灣的衛福部。

出限漁政策。國際自然保護聯盟亦將黑鮪魚列為瀕臨絕種名單。其中又以西北大西洋的黑鮪魚（有人認為大西洋的黑鮪魚和太平洋的黑鮪魚是不同物種，故日語中特別稱其為大西洋黑鮪魚）瀕危程度最為嚴重，被劃為EN（Endangered 瀕危）。

另一方面，黑鮪魚的養殖技術亦在逐漸進步中。目前研究人員已在實驗室中成功讓鯖魚產下黑鮪魚的卵。東京海洋大學吉崎悟朗教授曾經成功讓山女鱒製造國鱒的卵與精子，現正嘗試讓鯖魚產下黑鮪魚卵。

一般人應該會認為卵是由卵巢製造的，其實並非如此。不管是魚還是人，身體後方都有所謂的原始生殖細胞（Primordial Germ Cells）。這些原始生殖細胞可以分化成精子，也可以分化成卵。在胚胎發育時，這些細胞會逐漸移動到卵巢與精巢，並在這些地方成熟，形成卵與精子。

將黑鮪魚的原始生殖細胞，移植到雌性鯖魚體內，這些細胞就會自行往卵巢移動，之後鯖魚產下的卵就會是黑鮪魚卵。

這種移植工作會碰上兩大問題，一個是免疫排斥問題。人類在器官移植時會產生免疫排斥反應，移植魚的細胞時也會有排斥反應。不過，剛出生的幼魚，比較不會出現這種免疫排斥反應。也就是說，若在鯖魚剛出生時，就將黑鮪魚的原始生殖細胞移植過去，鯖魚便不會產生免疫排斥反應。

另外一個問題是，鯖魚也有鯖魚自己的原始生殖細胞，我們沒辦法分辨進入鯖魚的卵巢後再生出來的卵，是鯖魚卵還是黑鮪魚卵。過去曾想過，或許可以用放射線等方式殺死剛出生鯖魚的原始生殖細胞，但這種方法的成功率不高，還有安全性問題。

後來，研究團隊嘗試培育三倍體（3n）的鯖魚。讓2n的精子與n的卵結合後，便可得到3n的後代，也就是三倍體個體，但三倍體個體無法進一步誕下後代。三倍體個體在減數分裂時，其中一組染色體會找不到聯會的對象。正常情況下，同源染色體需彼此聯會，交換基因，才能完成減數分裂。但如果染色體有三組，會有一組沒有聯會對象，無法產生正常的精子或卵子。

雖然三倍體鯖魚無法產下自己的後代，不過移植到鯖魚體內的黑鮪魚原始生殖細胞是2n，如果這些細胞能夠順利進入鯖魚卵巢，鯖魚產下的卵就是百分之百的黑鮪魚卵。

接著再用同樣的方式製造精子，然後讓卵與精子受精，就可以得到黑鮪魚的受精卵。然後再養大這些受精卵，就可以得到黑鮪魚。

那麼，為什麼要用鯖魚來產下黑鮪魚卵？鯖魚大概長到五百克左右就會產卵，但黑鮪魚要長到幾百公斤才能夠產卵。同樣是產卵用的魚，飼養鯖魚時不需要那麼大的養魚場，管理較容易，成本較低。除了三倍體的不孕鯖魚，研究團隊正在嘗試使用白腹鯖與花腹鯖的雜種個體（同樣為不孕個體），這種方法研究效率更高，成本更低。

這種方法也可以防止物種滅絕。特別是食用魚種，如何有效利用僅剩的資源，維持物種延續，是很重要的事。無論各位喜歡與否，今後人們會使用各種基因工程技術，研究如何增加瀕臨絕種物種的個體數，以及如何野放這些生物。不過，最好的方式應該就是保護環境。

日本鰻也是日本環境省紅色名錄內的物種，被列為瀕危EN。鰻魚的養殖一般是先捕撈天然的鰻苗，然後再養殖成魚。然而天然鰻苗的漁獲量越來越少，價格越來越高，使鰻魚和鰻魚飯越來越貴。於是有研究團隊想嘗試鰻魚的完全養殖。鰻魚的人工孵化相對容易，要讓剛孵化的幼魚成長為鰻苗卻很困難。

成長為鰻苗之前的幼魚稱作柳葉鰻（leptocephalus），而柳葉鰻是以海洋雪（marine snow）為主食。海洋雪主要由浮游生物的排泄物、屍體，以及細菌分解這些東西後的產物所組成。這些東西會像雪一樣飄落至海底，故稱為海洋雪。目前我們還不知道究竟海洋雪中的哪些成分對柳葉鰻來說是必需營養，只知道在完全養殖實驗中，餵食以鯊魚卵黃為原料的人工飼料時，可以讓柳葉鰻成長為鰻苗。但即使如此，成功長成鰻苗的比例仍不到全體柳葉鰻的百分之十。也就是說，就算人工孵化成功，之後的成長過程仍需花費大筆費用，而且，就算使用昂貴的人工飼料，成功率仍相當低，因此完全養殖距離商業化還有很長一段距離。若能夠開發出適當的人工飼料，使多數柳葉鰻都能成長為鰻苗，又能降低這些飼料的成本，就有機會實現鰻魚的完全養殖。

海洋哺乳類與鳥類的瀕危物種

海裡面不是只有魚而已，還有許多哺乳類，而且許多海洋哺乳類正瀕臨滅絕。例如藍鯨、海豚、海牛、儒艮等，都是瀕臨滅絕的海洋哺乳類。

儒艮與海牛皆以海藻為食，因此棲息區域相當侷限。

就日本來說，沖繩不久前還有許多儒艮，現在只剩下名護的大浦灣——美軍新基地附近——還有少數儒艮棲息。大浦灣是名護東側的海岸，而在西側——以橋樑和沖繩本島相連的古宇利島周邊海岸也棲息著少數儒艮。另外，八重山石垣島附近的上地島有一個叫做東御嶽的地方，這裡有一個塚，供奉過去被大量捕殺的儒艮。從前，居民會將儒艮肉敬獻給琉球王室。我從前曾去過一次上地島，但因為御嶽為禁止進入區域，故沒能進去一探究竟。據說過去名護附近還吃得到儒艮的肉，曾有電視記者以儒艮與環境保護為主題，採訪名護當地老嫗對儒艮的看法，老嫗卻回答：「儒艮很重要啊，因為很好吃」，嚇了大家一跳。

短尾信天翁是一種日本人熟悉的海上鳥類。然而人類為了羽毛而大肆捕獵牠們，又因為繁殖地遭破壞，使牠們的數量大幅減少。一九五〇年左右時，短尾信天翁只剩下數十隻。在那之後，日本將其列為特別天然紀念物，最近研究團隊發現短尾信天翁在伊豆鳥島和小笠原群島（智島群島）順利繁殖出後代，至今族群已增長到五千隻左右。

短尾信天翁可說是一種性格保守的鳥，每年都會回到自己出生的巢穴附近。就算自己出生長大的營巢地消失了，也不會再去其他地方築巢，所以復育沒那麼容易。

於是，為了讓短尾信天翁能在新的地點築巢，研究團隊在鳥島設置了許多實物大小的短尾信天翁模型（decoy），並播放短尾信天翁的聲音，就像是在向野生的短尾信天翁宣告這裡是繁殖地點，快過來繁殖一樣。長谷川博（東邦大學名譽教授）是短尾信天翁的首席專家，他年輕時，看到美國曾使用鳥模型成功促進其他海鳥的集體繁殖，於是將這種方法用在短尾信天翁上，並在一九九一年開始這個計畫，結果大為成功。

其中有一隻短尾信天翁似乎是愛上了模型做的短尾信天翁，對著模型跳起了求偶舞。這隻短尾信天翁後來命名為「Deco chan」。當然，模型沒有任何反應。即使如此，次年、第三年時，這隻雄性短尾信天翁仍會飛來向模型求愛，一直持續了九年。看來就算到了第十年，這隻雄鳥還是會來向這隻短尾信天翁求偶吧。長谷川教授覺得牠有些可憐，便撤走設置了九年的模型。於是，回到該地的 Deco chan 找不到原本求偶的目標，便和其他短尾信天翁「結婚」了。

短尾信天翁行「一夫一妻制」。除非配偶死亡，或者不知道跑到哪裡去，不然都會一直和同一個對象在一起。同樣是鳥，日本山雀到了隔年就會換一個配偶。然而短尾信天翁直到死都不會換對象，也不會外遇。

最近有研究指出，日本山雀和前一年的交配對象交配，繁殖率會比較高。或許是因為對彼此比較瞭解，所以繁殖後代也比較順利吧。到了下一個繁殖期時，日本山雀仍會試著尋找去年的對象，如果過了一陣子還找不到，才會開始找新的對象。如果一直找不到交配對象，那一年就不會有繁殖行為。日本山雀的壽命很短，一年的空白是很大的損失。

短尾信天翁很長壽（有些個體甚至可以活到六十歲以上），就算一、兩年的繁殖期時找不到對象，還是會專注在同一個對象上。整體而言，這麼做可以產下較多後代。雖然短尾信天翁會等待同一個對象很長一段時間，不過如果讓牠等了兩、三年，對方還不出現，可能會認為對方已經死亡，便放棄等待，改找其他對象。

《CITES》與人類利益的衝突

鼬科的海獺是許多人熟知的海洋哺乳類。海獺原本大量分布於北美的太平洋岸，人們卻為了毛皮而大肆捕獵海獺，造成數量大幅減少，二十世紀初已瀕臨滅絕。之後在相關單位保護下，目前已恢復到一定數量。

日本北海道近海區域也有海獺棲息。棲息在根室市納沙布岬周圍的野生海獺，會吃掉許多當地齒舞漁協所培育的海膽，造成當地漁協的困擾。但因為海獺是列於《華盛頓公約》附錄一的物種，沒辦法任意撲殺。

以日本髭羚為例，雖然是特別天然紀念物，但只要環境省認定是害獸，就可以獵殺。但因為日本髭羚是《CITES》禁止全球捕獵的物種，所以不能任意撲殺。

還有很多物種的處理因為《CITES》的規定而變得很麻煩。

例如在京都的鴨川，本地種日本大山椒魚，與外來種中國大山椒魚雜交後的個體，約占了所有個體的九成。日本大山椒魚與中國大山椒魚皆為《CITES》附錄一中的物種，屬於國際性稀有野生動植物，因此，即使中國大山椒魚是外來種，日本政府也沒辦法單獨捕殺，使相關單位感到相當困擾。

大山椒魚可以做成蒲燒料理，中國大山椒魚原本也是為了食用而引進日本。後來不知為何逃了出來，進入鴨川，且數量持續增加，並與日本大山椒魚交配，最後，混血的大山椒魚甚至還占了族群的大半。

後來，相關單位進行生態調查，捕捉了大量大山椒魚，並將中國大山椒魚和混血個體「隔離」起來。這些被隔離的大山椒魚大多被飼養在兵庫縣朝來市的廢棄中小學游泳池。因為是以「隔離」的名目把牠們關起來，數量不會增加，也不會被吃掉。換句話說，中國大山椒魚和混血個體會一直被養在那些地方直到死去。但就我看來，這兩種個體雜交後會產生雜種優勢，使混血個體的繁衍能力比原本的純種還要高，在生物學上仍可視為同一個物種。即使將日本大山椒魚全部置換成混血大山椒魚，也不會對生態造成不良影響，不會產生什麼大問題。就算野外的日本大山椒魚消失，只要在水族館等地方繁殖，就可以保存純品系的日本大山椒魚。日本人也是由智人與尼安德塔人雜交後得到的混血族群，所以不需要那麼看重純品系。

第六章　真正的「滅絕」是什麼？

2001 年，研究人員在中非查德發現了最古老人類——查德沙赫人的化石，暱稱為「圖邁」（Toumaï）。上圖為圖邁的復原圖。

非物種層次的滅絕

說到「滅絕」，大部分人應該會想到高於物種層次之分類群的滅絕。前面我們提到了許多物種、分類群滅絕的例子，然而滅絕並不是物種或分類群特有的現象。雖然都叫做「滅絕」，也有層次的差異。

在一般人的認知中，「滅絕」代表一個物種的消失。當某個物種的最後一個個體死去，這個物種就滅絕了。雖然這麼說並沒有錯，但其實「滅絕」這個詞相當含糊，事情沒有那麼簡單。

一個個體死去時，我們一般不會說這個生物「滅絕」。然而，這個個體內的細胞系只存在於該個體，當個體死亡，這個細胞系也會跟著滅絕。也就是說，一個個體的死亡，在微觀層次下，毫無疑問地也是一種「滅絕」。

另一方面，以人類為例，一對夫妻生下第二代，第二代生下第三代，第三代再生下第四代……，其血統（細胞系或基因體系）可以不斷繼承下去。不過，如果某一代的孩子都沒有再生下孩子，這個血統就會「滅絕」。

舉例來說，假設一對夫妻有三個孩子，其中某個孩子再生下了孩子（一開始夫妻的孫子），這個孩子又生下孩子（一開始夫妻的曾孫），這個血統就暫時不會「滅絕」。不過，如果另外兩個孩子沒有後代，他們的血統就會在那一代「滅絕」。

由這個簡單的例子可以看出，「滅絕」有很多層次，可以指一個個體的死亡，可以指一個血統的消失，也可以指區域族群的滅絕、物種的滅絕，甚至是比物種還高層次之分類群的滅絕，就像本書前面提到的各個例子一樣。

其中特別值得一提的是粒線體系的滅絕。粒線體需藉由母方傳遞給下一代，如果一個雌性個體只有產下雄性後代，這個粒線體系就會在此滅絕。如各位所知，二十萬年前有一位叫做「粒線體夏娃」的女性，她的粒線體系在人類滅亡以前都不會消失。

種系和物種雜交的滅絕

在討論「滅絕」時，常會問一個物種是否能與其他物種雜交。

過去人們一般認為「種」不能與其他種雜交（並生下有生育能力的後代），換言之，可以交換彼此基因的個體被視為同一「種」，反之則為不同種。

若是如此，事情就簡單了。當一個生物「種」消失，就代表了這個生物的「滅絕」，但實際上卻沒那麼簡單。

達爾文《物種起源》一書中有一張圖，用來表示生物各個物種逐漸分歧，逐漸多樣化，是一張相當有名的圖。

分歧後新生的物種可能會滅絕，也可能會再度分歧，使物種越來越多樣化。不過這張圖只有畫出某個物種分歧出了哪些物種，接下來又分歧出了哪些物種而已。而因為分歧而岔出來的線，不會再度匯合。也就是說，達爾文認為，物種之間不會雜交（或者雜交後不會產生有生育能力的後代）。

但實際上，不同物種之間確實會雜交，雜交後可能會誕生新的生物，而雜交所得的新生物混有多種生物的基因。既然如此，原本的物種滅絕，雜交種卻存活下來時，原本的物種算是「滅絕」嗎？

舉例來說，我們一般會說恐龍已經「滅絕」了。但事實上，一部分的恐龍演化成為鳥類，所以也可以說恐龍並沒有「滅絕」。史密森尼博物館便稱其展示的蜂鳥標本為「世界最小的恐龍」。「恐龍是鳥的祖先」已是學界的共識。

咸認恐龍已經滅絕了，但其實恐龍也是目前相當繁榮的鳥類祖先。因此就系群來說，恐龍並沒有滅絕。

不同生殖方式與不同規模的滅絕

另外，生物的生殖方式或遺傳方式不同時，「滅絕」的規模可能也不一樣。

非洲馬達加斯加島上，有種叫做大理石紋螯蝦的孤雌生殖螯蝦正快速增加中，威脅到了當地螯蝦的生存。如同在前一章介紹科摩多巨蜥時提到的，我們一般會將孤雌生殖視為有性生殖的一種形式。也就是說，孤雌生殖的生物，平常會同時存在雄性個體與雌性個體，但能在只有雌性個體的情況下產生後代。第二章中提到的網目蟻也屬於孤雌生殖。

無性生殖是由單一個體，在不產生生殖細胞的情況下，獨自繁殖出後代的生殖方式。有性生殖則需要兩個個體或兩個細胞交換基因，才能產下基因型與雙親不同的個體。因此，有性生殖動物的個體多為2n。

然而，大理石紋螯蝦卻是3n。也就是說，這種大理石紋螯蝦是一個2n細胞，獲得第三套染色體後，發育而成的個體。簡單來說，就是n與2n結合的產物。若有某隻螯蝦的生殖母細胞為四倍體（4n），減數分裂後便會產生2n的卵或精子；而一隻二倍體螯蝦（2n）會產生n的卵或精子。兩者結合後，便可得到3n的螯蝦。

有人認為，大理石紋螯蝦可能是水族館飼養的螯蝦突變而成。牠們在突變後從水族館逃了出來，並野化散布至世界各地。後來大理石紋螯蝦又輾轉來到馬達加斯加，以孤雌生殖的模式大量繁衍出許多個體。

這種孤雌生殖的螯蝦會產卵，但這些卵孵化後得到的全是雌性後代。在孤雌生殖的模式下，後代和原始個體具有同一套基因組，換句話說就是複製體。

日本也有類似的例子，譬如奈良縣春日山的紅頸粗腿細天牛（*Kurarua rhopalophoroides*）。這是一種粗腿天牛屬的天牛，然而實際上每個個體都是複製體。

源自同一祖先，且具有相同遺傳資訊的個體，稱作複製體。可能過去曾有一隻或少數幾隻這種天牛的雌性個體進入了春日山，然後繁殖出許多有相同遺傳訊息的個體。雖然個體數多，但若調查牠們的DNA，會發現牠們的基因幾乎完全相同，而且沒有一隻是雄性。因為雌性個體就能夠產下雌性個體，所以數量會一直增加。神奇的是，西表島與臺灣也有親緣關係相當近的物種（我認為應該是同種），然而這些個體有雄性也有雌性，行有性生殖。

仔細想想，有「性別」其實是件麻煩的事。繁殖同時需要雄性和雌性雙方，如果沒有配偶就沒辦法繁殖，花時間又花能量。

相較之下，大理石紋螯蝦或春日山的紅頸粗腿細天牛等物種，就算沒有雄性也可以不斷繁殖出後代，所以能夠快速增生。

然而，問題就在於，這種生殖方式，幾乎所有個體都是複製體。複製體生物的基因組成皆相同，即使環境出現重大改變，也沒辦法馬上應對，容易大規模滅絕。

目前孤雌生殖的生物之所以沒有那麼多，或許就是因為這些生物不太能應對環境的變化。從地質學的尺度來看，這些生物很快就會滅亡。

複製體的基因體是完全封閉的體系。所以當這些個體全部死亡，就會真的完全「滅絕」。不過，對於有性生殖的生物來說，即使這個物種「滅絕」，其相關基因很可能不會完全消失在這個世界上。

如果地球上都是孤雌生殖生物，達爾文《物種起源》中的圖就沒什麼問題了。個體會一直增加，出現分歧，不過分歧後的物種不會彼此雜交。

就算有性生殖的生物存在，如果由單一共同祖先物種分歧出來的所有生物都不會雜交，卻陸續滅絕，這個祖先物種就等於是真的「滅絕」了。換言之，分歧所產生的所有物種都滅絕，就代表以共同祖先為起點的單系群全部滅絕，相當簡單明瞭。但事實上，一個物種的個體仍確實會與其他物種雜交。

除了智人，所有人屬物種皆已滅絕

讓我們多談一些人類的雜交吧。

距今七百萬年前，出現於非洲中部的查德沙赫人（*Sahelanthropus tchadensis*）

被認為是最早的人類。後來原人（*Orrorin*）、地猿（*Ardipithecus*）等屬相繼出現，接著出現了南方古猿屬（*Australopithecus*）。目前已知最古老的南方古猿，是四百萬年前的湖畔南方古猿（*Australopithecus anamensis*）。

阿法南方古猿（*Australopithecus afarensis*）是一種生存於約四百萬年前～二百萬年前之間的「修長型」南方古猿。一九七四年於衣索比亞發現的著名化石——「露西」，被認為是二十五歲～三十歲的阿法南方古猿女性，身高約為一公尺。

修長型的南方古猿中，一部分分歧演化成較強壯的傍人（*Paranthropus*），其中又以鮑氏傍人（*Paranthropus boisei*）、羅百氏傍人（*Paranthropus robustus*）較為著名。

而另一部分的南方古猿，則在約二五〇萬年前演化成人屬（*Homo*）物種。最古老的人屬物種為巧人（*Homo habilis*）。

一九〇萬年前～一八〇萬年前的東非，曾棲息過好幾種人屬物種。

早期人屬物種中，演化程度最高的匠人（*Homo ergaster*）在約一五〇萬年前時，從非洲來到亞洲，並演化成直立人（*Homo erectus*）。爪哇猿人及北京猿人皆屬於直立人，不過這些直立人的後代皆已滅絕。仍留在非洲的人屬物種，後來演化出海德堡人（*Homo heidelbergensis*）這個與現代人類相當接近的物種，而在約六〇萬年前時，海德堡人分歧為尼安德塔人（*Homo neanderthalensis*）的種系，以及智人（*Homo sapiens*）的種系。最後，除了智人，其他人屬物種全部滅絕。

不過，在物種的層次上滅絕，並不代表在種系的層次上亦滅絕。基本上，七百萬年前的人種系一直存續到了現在，成為現代智人的一部分。

人是靈長類（靈長目）中的一科，靈長目之上的分類群為哺乳類（哺乳綱），而哺乳綱的祖先為二疊紀時出現的「哺乳類型爬行類」（合弓綱）。目前發現的哺乳類型爬行類化石，多為二疊紀時留下，現在則完全沒有合弓綱動物，故合弓綱動物應該已經完全滅絕。不過，現生哺乳類的祖先應為合弓綱中的某種動物。也就是說，已滅絕的哺乳類型爬蟲類中，某種動物的種系一直被保留了下來，並傳到了人類身上。「即使物種滅絕，種系卻不一定會跟著滅絕」就是這麼回事。

說得誇張點，三十八億年前誕生的生物，其系群到現在仍未滅絕。第一個誕生的生物是所有生物的母種。現存所有生物全都是三十八億年前誕生之某個原核生物的後代，只要不是所有生物全部消失，這個生物就沒有「滅絕」，而是能以種系的形式存續下去。

如同我們在第一章中所說的，多細胞生物誕生於六億年前，在那之後，地球上出現了六次生物大滅絕。不過在每次大滅絕時，都會有某些生物能夠熬得過去。這些生物就物種而言確實是滅絕了，但做為種系卻延續了下來。只是，現在的我們已無從判斷哪個已滅絕的物種種系已延續至今，哪個沒有。

從基因層級來看，尼安德塔人與丹尼索瓦人尚未滅絕

回到人類的話題，人屬之一的尼安德塔人於四十萬年前出現，三萬九千年時滅絕。但很明顯的，尼安德塔人的DNA確實存在於智人的基因內。除了十多萬年以來，每個祖先都是非洲原住民的人們之外，其他現存人類的基因中，都有一部分的基因來自尼安德塔人。也就是說，尼安德塔人曾與智人雜交過，所以現代人的基因中，有百分之二來自尼安德塔人。

如果尼安德塔人從未與其他物種的人類雜交，一直保持尼安德塔人的「單系群」，這個種系確實在三萬九千年前便已滅絕。實際上，尼安德塔人卻曾和智人雜交，基因混入了現代人的基因體，故尼安德塔人的基因至今仍未滅絕。某種意義上，

現代人可以說是尼安德塔人的後代。

我們常聽到有人說「人口再這麼減少下去，日本人就會滅絕了」。這裡說的「日本人」，究竟是指那些人？是指住在日本列島上的人嗎？還是所謂日本人血統的人？

舉例來說，一位日本女性前往非洲，與非洲人結婚，並生下孩子。那麼這個孩子自然有日本人的血統。即使日本列島上的日本人因為某些原因而全部消失，只要其他地方還留著日本人的血統，那麼「日本人滅絕」就不會成真。再說，所謂的日本血統其實是個模糊的概念，日本人與中國人、韓國人在遺傳學上幾乎相同。

基本上，「不存在人種的概念」已是人類學上的常識。所有現代智人百分之九十九・九的ＤＮＡ都相同。

前面提到，現代智人的祖先曾與尼安德塔人雜交過。丹尼索瓦人（*Homo denisova*）由尼安德塔人分歧而來，是與尼安德塔人稍有差異的物種。而智人的祖先就曾經和丹尼索瓦人雜交過。目前已知，丹尼索瓦人曾和智人與尼安德塔人共同生存了數萬年。

丹尼索瓦人在四萬年前便已「滅絕」。而走出非洲的智人，在十萬年前左右，以及六萬年前～五萬年前之間，曾兩度與尼安德塔人雜交。接著又在五萬年前～四萬年前之間，與丹尼索瓦人雜交，其後代再擴散至全世界。在基因的層次上，尼安德塔人與丹尼索瓦人皆沒有「滅絕」。西藏人、澳洲原住民、因紐特人、新幾內亞人、美拉尼西亞人等，都具有尼安德塔人與丹尼索瓦人的基因。特別是新幾內亞人的DNA，有百分之三～六來自丹尼索瓦人，有百分之二來自尼安德塔人，故一共有百分之五～八的DNA來自其他人類。

而日本人也有少許DNA來自丹尼索瓦人，不過大致上還是尼安德塔人與智人的混血物種。

粒線體DNA必定繼承自母方，而非父方，故我們可以從粒線體DNA追溯母方的血統。而調查結果發現，現代智人的粒線體DNA全都來自智人。沒有任何一人的粒線體DNA來自尼安德塔人。也就是說，女性尼安德塔人在雜交後所生下的後代，並沒有一直延續至今。女性尼安德塔人與男性智人所生下的小孩，或許是在尼安德塔人的村落內長大的，後來隨著尼安德塔人族群的滅絕，這個種系也跟著消失了。因此，具有尼安德塔人粒線體DNA的「女性尼安德塔人後代」，便沒有延續至今。除了非洲人，現代智人皆為數萬年前，男性尼安德塔人與女性智人混血後產下的後代。

智人與尼安德塔人的「雜交種*」並未滅絕，而是留存至今

我曾在日本早稻田大學國際教養學部教書到二〇一八年春季。這個學部的外國學生特別多，還有許多異國婚姻的學生。不同國家的人們結婚並生下小孩，可以增加人類的多樣性，是一件好事。

我常和大學生說：「最偉大的智人，就是那位和尼安德塔人性交的女性。」這聽起來像是玩笑話，但其實智人正是靠著與尼安德塔人雜交後獲得的基因，撐過許多環境變遷而存活了下來。

「純種」尼安德塔人約在三萬九千年前滅絕。在這之後，智人只能和智人繁衍後代，於是尼安德塔人的血統便逐漸稀薄。照機率來看，尼安德塔人基因在智人體內的比例應該會越來越小。然而實際上，來自尼安德塔人的基因卻沒有消失，代表這些基因可以讓個體有更強的生存能力。換言之，體內沒有尼安德塔人基因的人，便無法存活下來。

*審訂註：尼安德塔人的部分基因組因為「遺傳滲漏」（genetic introgression）而進入現代智人的基因組，但這與「雜交種」的概念仍有一定的差距。

末次冰期於一萬年前結束，這時只有體內有尼安德塔人耐寒基因的智人能活下來。如本書第二章所述，智人與尼安德塔人性交後所獲得的基因，可以提供對寒冷的耐受度，幫助智人撐過更新世時的冰河期。另外，丹尼索瓦人的基因也混入了西藏人體內，有人認為這可以幫助西藏人適應高地。

當然，從前的歐亞大陸智人，某些個體並沒有獲得尼安德塔人或丹尼索瓦人的基因。這些所謂「純種」的族群，沒辦法應付氣候寒冷與各種環境變動，進而走上滅絕的路。

雖然尼安德塔人與丹尼索瓦人皆已滅絕，其DNA卻被保留至今。

現代人口已達七十六億，可說是相當繁盛，卻是人類種系的最後一個物種。如果發生破火山口噴發、大隕石撞擊地球等環境衝擊，或者人類這個物種的壽命到了盡頭，人類便會滅絕。無論如何，從地質學的時間尺度來看，人類的滅絕只是時間早晚的問題而已。若是如此，以查德沙赫人為起點的人類種系便會完全滅絕，地球將進入新的時代。雖然到時沒有一種生物能夠繼續觀測、研究、記錄這個星球。然而到了早上，太陽仍會東昇；到了傍晚，太陽仍會西沉，地球還會繞著太陽公轉好一陣子。

幾乎所有人都會把生物學中的「滅絕」與「物種的滅絕」畫上等號，但兩者不一定相同。再說，我們本來就無法嚴格定義「物種」，所以我們也很難描述「物種的滅絕」究竟是什麼意思。

從查德沙赫人開始，人類的演化史長達七百萬年。如果最後出現的人——智人消失，就可以說所有人類都滅絕了。而那些在人類演化史中，各種突然出現又突然消失的人類，確實滅絕了嗎？某些過去的人類，部分DNA傳給了後續的人類，某些過去的人類則無。後者確實可以說是已經滅絕，但前者則否。

生物的滅絕包括個體的滅絕（從受精卵發育而成之所有細胞的滅絕），地區族群的滅絕，物種的滅絕，種系的滅絕，特定DNA序列的滅絕等，許多不同層次。這是本書想傳達的第一件事。

本書想傳達的第二件事則是，「物種」與「種系」與生物個體一樣，都有其壽命。至於為什麼會如此，則是當前生物學尚無法回答的問題。就連當前的專業生物學者，也會避免做出結論。

馬克思曾說過：「只有可解決的問題，能讓人燃燒熱情。」毫無疑問的，這個問題在未來（恐怕得等到我離開人世之後）會成為很重要的課題。雖然我不是預言家，但大方接受「『物種』與『種系』都有其壽命」這個觀點的時代一定會到來。到了那時，現代人就會了解到，不久自己也會滅絕。

本書出版時，受到新潮社秋山洋也先生很大的幫助，在此表達感謝之意。

寫於紅斑脈蛺蝶翩翩飛舞的高尾自宅

池田清彥

國家圖書館出版品預行編目（CIP）資料

滅絕生物學：失敗者的生存策略／池田清彥作；
陳朕疆譯. -- 初版. -- 新北市：世茂，2020.11
面；　公分. --（科學視界；249）
ISBN 978-986-5408-33-6（平裝）

1.生物演化　2.通俗作品

362　　　　　　　　　　　　　　109012204

科學視界 249

滅絕生物學：失敗者的生存策略

作　　者／池田清彥
譯　　者／陳朕疆
主　　編／楊鈺儀
責任編輯／陳文君、李雁文
封面設計／林芷伊
內文插畫／畠山モグ
出 版 者／世茂出版有限公司
負 責 人／簡泰雄
地　　址／（231）新北市新店區民生路 19 號 5 樓
電　　話／（02）2218-3277
傳　　真／（02）2218-3239（訂書專線）
劃撥帳號／19911841
戶　　名／世茂出版有限公司　單次郵購總金額未滿 500 元（含），請加 60 元掛號費
酷 書 網／www.coolbooks.com.tw
排版製版／辰皓國際出版製作有限公司
印　　刷／傳興彩色印刷有限公司
初版一刷／2020 年 11 月

I S B N／978-986-5408-33-6
定　　價／360 元